高职高专计算机类专业系列教材——虚拟现实应用技术系列

虚拟现实项目实战教程

谭恒松　编著

电子工业出版社
Publishing House of Electronics Industry
北京·BEIJING

内容简介

本书以 HTC VIVE VR 项目为教学主线，将项目分解成一个个简单的学习任务，循序渐进地介绍针对 HTC VIVE 设备在 VR 项目开发方面的相关知识，让读者能够独立开发出多个 VR 项目。

本书从实战的角度出发，总共设计了 3 个大的学习项目和 1 个实战训练项目。第 1 章主要介绍虚拟现实技术，包括虚拟现实的概念、虚拟现实的发展史、虚拟现实的特征、虚拟现实的软件平台和硬件设备及虚拟现实的应用情况。第 2 章让读者熟悉 VR 开发环境，包括 HTC 公司的 VIVE PRO 软硬件的安装与配置、Unity 编辑器的安装。第 3 章让读者跟着开发第一个 VR 项目，此项目较简单，开发环境搭好就能做出来。第 4 章开发 VR 保龄球项目，让读者从项目搭建开始一步步完成一个在 VR 环境中打保龄球的游戏项目。第 5 章开发 VR 蜘蛛来袭的项目，采用第一人称视角，用户通过手枪来消灭来袭的蜘蛛怪物。第 6 章为 VR 项目开发实战训练，读者需要选择一个项目进行开发。

本书适合作为计算机相关专业、虚拟现实技术专业的虚拟现实技术相关课程的教材，也适合虚拟现实项目开发的初级、中级人员学习与参考。

本教学资源丰富，配套专业的教材网站（http://www.zjcourse.com/VR），网站中提供教学所需的所有资料，如教学大纲、授课计划和考核方案等资料，特别提供了教材的全套项目资源，方便老师教学与学生学习。

未经许可，不得以任何方式复制或抄袭本书之部分或全部内容。
版权所有，侵权必究。

图书在版编目（CIP）数据

虚拟现实项目实战教程／谭恒松编著．— 北京：电子工业出版社，2020.4（2024.7重印）
ISBN 978-7-121-37569-9

Ⅰ．①虚… Ⅱ．①谭… Ⅲ．①虚拟现实–高等学校–教材 Ⅳ．①TP391.98

中国版本图书馆CIP数据核字（2019）第218676号

责任编辑：贺志洪
印　　刷：固安县铭成印刷有限公司
装　　订：固安县铭成印刷有限公司
出版发行：电子工业出版社
　　　　　北京市海淀区万寿路173信箱　邮编100036
开　　本：787×1092　1/16　印张：15.25　字数：390.4千字
版　　次：2020年4月第1版
印　　次：2024年7月第6次印刷
定　　价：59.00元

凡所购买电子工业出版社图书有缺损问题，请向购买书店调换。若书店售缺，请与本社发行部联系，联系及邮购电话：（010）88254888，88258888。
质量投诉请发邮件至 zlts@phei.com.cn，盗版侵权举报请发邮件至 dbqq@phei.com.cn。
本书咨询联系方式：（010）88254609 或 hzh@phei.com.cn。

一、缘起

有人将 2016 年称为 VR 元年,随着 VR 技术的快速发展,各种应用层出不穷,特别是随着 5G 技术在我国的高速发展,使人们相信,在未来,VR 技术将在各个方面改变我们的生活方式。

最近几年一直在带学生参加虚拟现实技术相关的比赛,曾获得国家二等奖,个人也开发了一些虚拟现实项目,但总觉得现在与 VR 项目开发相关的入门书籍太少了,感兴趣的人很容易因为难入门而放弃学习虚拟现实技术。基于上面几个原因,我想写一本关于 VR 项目开发的入门书,给没有多少专业知识的人用,通过不断完成一个个学习任务,不断获得成就感,最后能够开发出具有一定难度的 VR 项目。

二、本书内容

本书从实战的角度出发,总共设计了 3 个大的学习项目和 1 个实战训练项目。

第 1 章:主要介绍虚拟现实技术,包括虚拟现实的概念、虚拟现实的发展史、虚拟现实的特征、虚拟现实的软件平台和硬件设备及虚拟现实的应用情况。

第 2 章:让读者熟悉 VR 开发环境,包括 HTC VIVE PRO 软硬件的安装与配置、Unity 编辑器的安装。

第 3 章:让读者跟着开发第一个 VR 项目,此项目较简单,开发环境搭好就能做出来。

第4章：开发VR保龄球项目，让读者开发一个在VR环境中打保龄球的游戏项目。

第5章：开发VR蜘蛛来袭项目，采用第一人称视角，用户通过手枪来消灭来袭的蜘蛛怪物。

第6章：VR项目开发实战训练，读者需要选择一个项目进行开发。

三、本书特点

本书在编写过程中，一直都有学生参与，以一个初学者的思考方式完成教程的编写。本书遵循学生的学习规律，以服务教学为宗旨，主要有以下几个特点：

1. 先进性与实用性。本教材的内容反映出最新的实用VR项目开发方法及技术，具有很强的先进性和实用性。

2. 适用性与实战性。教材项目来自实际，但又有所取舍，难度适中，适合教学，在具有普适性的基础上注重拓展训练，同时，教学项目有较强的实战性，能培养学生的实际项目开发能力。

3. 重点突出、定位准确。教材通过三个递进项目讲解虚拟现实技术，重点突出、定位准确。

4. 教材立体化。本教材以立体化精品教材为构建目标，课程网站提供电子课件、素材、源代码等教学资源。

四、如何使用

本书使用的Unity版本为2019.1.9版本，读者可以使用和本书一样的版本，也可以使用Unity官方提供的最新版本。

本书配套网站为：http://www.zjcourse.com/VR，里面有非常详细的学习资源，方便老师进行教学与学生进行自主学习。

（1）教学资源

序号	资源名称	表现形式与内涵
1	课程标准（教学大纲）	Word电子文档，包含课程定位、课程目标要求、课程教学内容、学时分配等内容，可供教师备课时用
2	授课计划	Word电子文档，是教师组织教学的实施计划表，包括具体的教学进程、授课内容、授课方式等

续表

序号	资源名称	表现形式与内涵
3	教学设计	Word 电子文档，是指导教学如何实施课堂教学的参考文档
4	PPT 课件	RAR 压缩文档，是提供给教师和学习者的教与学的课件，可直接使用
5	考核方案	Word 电子文档，对课程考核提出建议
6	学习指南	Word 电子文档，提供学习的建议
7	学习视频	形式多样，有直接视频文件，也有参考网址
8	项目源代码	RAR 压缩文档，包括本书所有项目的源代码及所有资源包
9	作品欣赏	RAR 压缩文档，提供部分学生优秀作品，可供读者参考
10	参考资源	Word 电子文档，提供其他的学习 VR 的资源，包括一些网络链接等

虽然提供了项目的源代码，但不会给教学带来不利影响，本书为每个学习任务都配套有相应的课堂拓展需要学生去完成，学生需要花大量的时间来完成任务的拓展内容，拓宽了学生的知识面。

（2）课时安排

如果课时只有 60 左右，需要多设置些课外时间，参考教学安排如下表所示。

序号	教学内容	合计课时
1	第 1 章：虚拟现实技术概述	4
2	第 2 章：熟悉 VR 项目开发环境	4
3	第 3 章：第一个 VR 项目	4
4	第 4 章：VR 保龄球项目开发	12
5	第 5 章：VR 蜘蛛来袭项目开发	20
6	第 6 章：VR 项目开发实战训练	16
	合　计	60

如果课时比较充裕，可以加大第 4 章、第 5 章和第 6 章的时间，让学生将项目开发得更精细。特别是 VR 项目开发实战训练部分，尽量让学生利用课外时间来完成。

五、致谢

本书由谭恒松编著。

本书在编写过程中，得到了黄崇本、韦存存、葛茜倩、严良达、孙威、李佳乐的大力支持和帮助，提出了许多宝贵的意见和建议，参加了部分章节的编写，特此向他们表示衷心的感谢。本书在编写过程中也得到了章泽宇等同学的大力支持，他们以学生的视角来帮助编写本书，特此也表示万分的感谢。

由于时间和编者水平有限，书中不妥之处在所难免，希望广大读者批评指正。

编 者

2019 年 10 月

目 录

第 1 章　虚拟现实技术概述　\1

1.1　学习任务：了解虚拟现实技术　\2

  1.1.1　虚拟现实的概念　\2

  1.1.2　虚拟现实发展历史　\2

  1.1.3　虚拟现实的特征　\3

  1.1.4　主流的 VR 硬件　\4

  1.1.5　开发 VR 项目的工具　\6

1.2　学习任务：熟悉虚拟现实的应用　\7

本章小结　\9

习题　\9

第 2 章　熟悉 VR 项目开发环境　\11

2.1　学习任务：熟悉 HTC VIVE 设备　\12

  2.1.1　任务分析　\12

  2.1.2　相关知识：SteamVR　\12

  2.1.3　任务实施　\13

  2.1.4　任务小结　\37

2.2　学习任务：熟悉 Unity 开发环境　\37

  2.2.1　任务分析　\37

  2.2.2　相关知识：Unity　\37

2.2.3 任务实施 \38

2.2.4 任务小结 \52

本章小结 \53

习题 \53

第3章 第一个 VR 项目 \55

3.1 学习任务：熟悉 SteamVR Plugin 插件 \56

3.1.1 任务分析 \56

3.1.2 相关知识：SteamVR Plugin 插件 \57

3.1.3 任务实施 \57

3.1.4 知识拓展：SteamVR Plugin 常用组件 \61

3.1.5 任务小结 \66

3.2 学习任务：熟悉 VRTK 插件 \66

3.2.1 任务分析 \66

3.2.2 相关知识：VRTK 插件 \67

3.2.3 任务实施 \67

3.2.4 知识拓展：VRTK 案例分析 \70

3.2.5 任务小结 \101

3.3 学习任务：开发第一个 VR 项目 \101

3.3.1 任务分析 \101

3.3.2 相关知识：使用 SteamVR Plugin 插件和 VRTK 插件 \102

3.3.3 任务实施 \102

3.2.4 任务小结 \104

本章小结 \104

习题 \105

第4章 VR 保龄球项目开发 \107

4.1 学习任务：搭建项目环境 \108

4.1.1 任务分析 \108

4.1.2 相关知识：VR 项目开发流程 \109

4.1.3 任务实施 \110

4.1.4 任务小结 \113

4.2 学习任务：配置项目环境 \113

 4.2.1 任务分析 \113

 4.2.2 相关知识：Unity 常用资源 \114

 4.2.3 任务实施 \114

 4.2.4 任务小结 \117

4.3 学习任务：项目开发 \117

 4.3.1 任务分析 \117

 4.3.2 相关知识：碰撞体组件 \118

 4.3.3 任务实施 \123

 4.3.4 任务小结 \135

4.4 学习任务：项目优化 \136

 4.4.1 任务分析 \136

 4.4.2 相关知识：VR 项目优化 \137

 4.4.3 任务实施 \138

 4.4.4 任务小结 \142

本章小结 \142

习题 \142

第 5 章 VR 蜘蛛来袭项目开发 \143

5.1 学习任务：搭建项目运行环境 \144

 5.1.1 任务分析 \144

 5.1.2 相关知识：获取资源的方式 \145

 5.1.3 任务实施 \146

 5.1.4 任务小结 \150

5.2 学习任务：蜘蛛来袭 \150

 5.2.1 任务分析 \150

 5.2.2 相关知识：寻路系统 \151

 5.2.3 任务实施 \152

 5.2.4 任务小结 \158

5.3 学习任务：控制蜘蛛的行为 \158

 5.3.1 任务分析 \158

 5.3.2 相关知识：动画系统 \159

 5.3.3 任务实施 \160

　　　　　5.3.4　任务小结　\173
　　　5.4　学习任务：玩家消灭蜘蛛　\173
　　　　　5.4.1　任务分析　\173
　　　　　5.4.2　相关知识：射线　\174
　　　　　5.4.3　任务实施　\174
　　　　　5.4.4　任务小结　\184
　　　5.5　学习任务：游戏重置　\186
　　　　　5.5.1　任务分析　\186
　　　　　5.5.2　相关知识：VRTK 中的 UI 交互　\187
　　　　　5.5.3　任务实施　\187
　　　　　5.5.4　任务小结　\196
　　　5.6　学习任务：项目打包运行　\196
　　　　　5.6.1　任务分析　\196
　　　　　5.6.2　相关知识：项目打包　\196
　　　　　5.6.3　任务实施　\197
　　　　　5.5.4　任务小结　\200
　　　本章小结　\200
　　　习题　\201

第 6 章　VR 项目开发实战训练　\203

　　　题目 1　VR 切水果项目开发　\204
　　　题目 2　VR 星际探索项目开发　\204
　　　题目 3　VR 旅游观光项目开发　\204
　　　题目 4　VR 森林狩猎项目开发　\205
　　　题目 5　VR 火灾逃生项目开发　\205

附录 A　SteamVR_Tracked Controller 脚本　\207

附录 B　VRTK_UI Pointer 脚本　\215

参考文献　\233

第 1 章
虚拟现实技术概述

知识目标
- 了解虚拟现实的概念
- 掌握虚拟现实的特征
- 了解虚拟现实应用情况

能力目标
- 能够列举出常用的 VR 设备
- 能够列举出常用的 VR 开发平台
- 能够列举出虚拟现实的应用情况

学习任务
- 学习任务：了解虚拟现实技术
- 学习任务：熟悉虚拟现实的应用

本章介绍虚拟现实技术的基本知识，包括虚拟现实的概念、虚拟现实的发展史、虚拟现实的特征、虚拟现实的软件平台和硬件设备及虚拟现实的应用情况。完成本章学习后，读者将对虚拟现实技术有一个初步的了解。

1.1 学习任务：了解虚拟现实技术

1.1.1 虚拟现实的概念

虚拟现实技术（英文名称：Virtual Reality，缩写为 VR），又称灵境技术，是 20 世纪发展起来的一项全新的实用技术，可以看出虚拟现实技术很早就有了，并不是现在才发展起来的。虚拟现实技术综合了计算机、电子信息、仿真技术等技术，利用计算机模拟虚拟环境从而给人以环境沉浸感。所谓虚拟现实，顾名思义，就是虚拟和现实相互结合。从理论上来讲，虚拟现实技术（VR）是一种可以创建和体验虚拟世界的计算机仿真系统，它利用计算机生成一种模拟环境，使用户沉浸到该环境中。虚拟现实技术就是利用现实生活中的数据，通过计算机技术产生的电子信号，将其与各种输出设备结合使其转化为能够让人们感受到的现象，这些现象可以是现实中真真切切的物体，也可以是我们肉眼所看不到的物质，通过三维模型表现出来。因为这些现象不是我们直接所能看到的，而是通过计算机技术模拟出来的现实中的世界，所以称为虚拟现实。

虚拟现实技术受到了越来越多人的认可，用户可以在虚拟现实世界体验到最真实的感受，其模拟环境的真实性与现实世界难辨真假，让人有种身临其境的感觉。随着各项技术的不断发展，各行各业对 VR 技术的需求日益旺盛。特别是 2016 年以来 VR 技术发展迅猛，VR 技术取得了巨大进步，并逐步成为一个新的科学技术领域。

1.1.2 虚拟现实发展历史

虚拟现实的发展历史总共可以分为 4 个阶段。

1. 第一阶段（1963 年以前）蕴涵虚拟现实思想的阶段

这一阶段的代表作就是 1929 年 Edward Link 设计出用于训练飞行员的模拟器及 1956 年 Morton Heilig 开发的多通道仿真体验系统 Sensorama。

2. 第二阶段（1963—1972 年）萌芽阶段

1965 年，Ivan Sutherland 发表论文 *Ultimate Display*（终极的显示）。1968 年，Ivan

Sutherland 研制成功了带跟踪器的头盔式立体显示器（HMD）。1972 年，Nolan Bushell 开发出第一个交互式电子游戏 Pong。

3. 第三阶段（1973—1989 年）初步形成阶段

1977 年，Dan Sandin 等研制出数据手套 Sayre Glove。1984 年，NASA AMES 研究中心开发出用于火星探测的虚拟环境视觉显示器。1984 年，VPL 公司的 Jaron Lanier 首次提出"虚拟现实"的概念。1987 年，Jim Humphries 设计出双目全方位监视器（BOOM）的最早原型。

4. 第四阶段（1990 年至今）完善和应用阶段

从 1990 年开始，相继有公司推出 VR 设备，特别是近几年，随着 Oculus、HTC、索尼等一线大厂多年的付出与努力，VR 产品拥有更亲民的设备定价，更强大的内容体验与交互手段，辅以强大的资本支持与市场需求，整个 VR 行业正式进入内容爆发成长期。

1.1.3 虚拟现实的特征

1. 沉浸性

沉浸性是虚拟现实技术最主要的特征，就是让用户成为并感受到自己是计算机系统所创造环境中的一部分，虚拟现实技术的沉浸性取决于用户的感知系统，当使用者感知到虚拟世界的刺激时，包括触觉、味觉、嗅觉、运动感知等，便会产生思维共鸣，造成心理沉浸，感觉如同进入真实世界一般。

2. 交互性

交互性是指用户对模拟环境内物体的可操作程度和从环境得到反馈的自然程度，使用者进入虚拟空间，相应的技术让使用者跟环境产生相互作用，当使用者进行某种操作时，周围的环境也会做出某种反应。如使用者接触到虚拟空间中的物体，那么使用者手上应该能够感受到，若使用者对物体有所动作，物体的位置和状态也应改变。

3. 多感知性

多感知性表示计算机技术应该拥有很多感知方式，比如听觉、触觉、嗅觉等。理想的虚拟现实技术应该具有一切人所具有的感知功能。由于相关技术，特别是传感技术的限制，目前大多数虚拟现实技术所具有的感知功能仅限于视觉、听觉、触觉、运动等几种。

4. 构想性

构想性也称想象性，使用者在虚拟空间中，可以与周围物体进行互动，可以拓宽认知范围，创造客观世界不存在的场景或不可能发生的环境。构想可以理解为使用者进入虚拟空间，根据自己的感觉与认知能力吸收知识，发散拓宽思维，创立新的概念和环境。

5. 自主性

自主性是指虚拟环境中物体依据物理定律动作的程度。如当受到力的推动时，物体会向力的方向移动，或翻倒，或从桌面落到地面等。

1.1.4 主流的 VR 硬件

1. HTC VIVE

HTC VIVE 是由 HTC 与 Valve 联合开发的一款 VR 头显产品，于 2015 年 3 月在 MWC2015 上发布，如图 1-1 所示。现在发布了 VIVE PRO 版本，详细介绍可以参照第 2 章相关内容。

图 1-1　HTC VIVE PRO 头盔

2. Oculus Rift

Oculus Rift 具有两个目镜，每个目镜的分辨率为 640×800，双眼的视觉合并之后拥有 1280×800 的分辨率，并且具有陀螺仪控制的视角是这款游戏产品一大特色，这样一来，游戏的沉浸感大幅提升。

Oculus Rift 中文官网是 https://www.oculuschina.com.cn，不断推出的新产品将大大提升虚拟现实的体验感，如图 1-2 所示。

图 1-2　Oculus Rift 头盔

3. Valve Index

Valve Index 为 Steam 开发的 VR 头显设备，目前 Steam 上已经有很多 VR 游戏支持该设备，如图 1-3 所示。

图 1-3　Valve Index 头盔

4. Gear VR

Gear VR 是三星公司和 Oculus 公司共同打造的一款移动 VR 设备，由三星公司制造硬件设备，Oculus 公司提供软件层面的技术支持。该款眼镜需要插入相应型号的三星手机配合使用，如图 1-4 所示。

图 1-4　Gear VR 头盔

此外，现在市面上还有很多 VR 一体机，如小米 VR 一体机、Oculus Quest VR 一体机等。

1.1.5　开发 VR 项目的工具

1. Unity

图 1-5　Unity

Unity 是由 Unity Technologies 公司开发的专业跨平台游戏开发及虚拟现实引擎，其图标如图 1-5 所示。作为一款国际领先的专业游戏引擎，Unity 通过采用精简、直观的工作流程，配合功能强大的工具集，使得游戏开发的周期大大缩减。通过 3D 模型、图形、视频、声音等相关资源的导入，借助 Unity 场景构建模块，用户可以轻松实现对虚拟世界的创建。

本书采用 Unity 作为开发平台，后续章节将带领大家从最简单的入门开始，逐步加大难度，最后开发出一个具有一定难度的 VR 项目。

2. UE4

UE4 是美国 Epic 游戏公司研发的一款 3A 级次时代游戏引擎，其图标如图 1-6 所示。它的前身就是大名鼎鼎的虚幻 3（免费版称为 UDK），许多游戏大作都是基于这款虚幻 3 引擎诞生的，例如，剑灵、鬼泣 5、质量效应、战争机器、爱丽丝疯狂回归等。它的实时渲染的效果做得非常好，成为开发者最喜爱的引擎之一。

图 1-6　UE4

UE4 不仅涉及主机游戏、PC 游戏、手游等游戏方面，还涉及高精度模拟、战略演练、工况模拟、可视化与设计表现、无人机巡航等诸多领域。

UE4 和 Unity 都有各自的特点，都能够开发虚拟现实项目，有兴趣的读者可以参考相关资料进行学习。

1.2　学习任务：熟悉虚拟现实的应用

虚拟现实技术经过 2016 年爆发式的发展后，VR 技术在我们的生活当中已经应用在许多方面，主要体现在游戏、教育、医学、军事、设计、影视娱乐等方面。

1. 游戏方面的应用

虚拟现实游戏，只要打开计算机，带上虚拟现实头盔，就可以让你进入一个可交互的虚拟场景中，不仅可以虚拟当前场景，也可以虚拟过去和未来，玩家可以体验惊险刺激的游戏内容。有部电影叫《头号玩家》，就是讲解在未来虚拟现实游戏中的应用。在 Steam 平台上，已经有非常多的 VR 游戏，如图 1-7 所示。

图 1-7　Steam 上的虚拟现实游戏

2. 教育方面的应用

虚拟现实技术能够将抽象的或者现实中不存在的东西直观地呈现在人们的面前，这使得虚拟现实技术在教育方面的应用非常广泛。通过 VR 的交互环境、再现能力及一对一的实践，可以提高学生的学习兴趣。通过 VR 技术能够将学生学习中一些困难的概念可视化，如原子的结构等，从而降低了学习知识的难度。

3. 医学方面的应用

VR 在医学方面的应用具有十分重要的现实意义。在虚拟环境中，可以建立虚拟的人体模型，借助于跟踪球、HMD、感觉手套，学生可以很容易地了解人体内部各器官结构，非常直观，也提高了学生的学习兴趣。

虚拟现实技术已经被证明可以治疗疼痛、恐惧症、创伤后应激障碍，帮助人们戒烟，甚至解决牙齿问题。

国外有一家公司叫 MindMaze，主要是使用 VR 激素帮助中风后左手不能运动而右手能动的患者，他们为患者提供一个虚拟左手，虽然这只手是由病患的右手控制的，但这能有助于大脑恢复对于瘫痪肢体的感知。

4. 军事方面的应用

由于虚拟现实的立体感和真实感，在军事方面，人们将地图上的山川地貌、海洋湖泊等数据通过计算机进行编写，利用虚拟现实技术，能将原本平面的地图变成一幅三维立体的地形图，再通过全息技术将其投影出来，这更有助于进行军事演习等训练。

5. 设计领域的应用

虚拟现实技术在设计领域也有很多应用，例如，室内设计方面，人们可以利用虚拟现实技术把室内结构、房屋外形通过虚拟技术表现出来，使之变成可以看得见的物体和环境。同时，在设计初期，设计师可以将自己的想法通过虚拟现实技术模拟出来，可以在虚拟环境中预先看到室内的实际效果，这样既节省了时间，又降低了成本。

6. 影视广告方面的应用

VR 技术在影视作品中的主要应用是营造一场场逼真的场景，让电影的拍摄更有选择的余地，使电影情节更加刺激。同样，现在很多广告引入了 VR 技术，让广告显得更加有趣，更能吸引消费者。

本章小结

本章通过两个简单的学习任务，阐述了虚拟现实技术的概念、发展历史及现在主流的软硬件设备，通过介绍虚拟现实技术的应用情况，让我们对虚拟现实的发展更加充满希望，相信虚拟现实的未来将会更加光明。

习 题

1. 简述虚拟现实技术的发展史。
2. 举例身边的 VR 可应用场景。
3. 列出目前市场上已获得应用的虚拟现实硬件设备信息，包括名称、生产公司和优缺点。

第 2 章
熟悉 VR 项目开发环境

知识目标
- 了解 HTC VIVE 的发展状况
- 掌握 VIVE PRO 设备的安装步骤
- 掌握 Unity 的开发环境

能力目标
- 能够熟练安装 VIVE PRO 设备
- 能够熟练安装 Unity

学习任务
- 学习任务：熟悉 HTC VIVE 设备
- 学习任务：熟悉 Unity 开发环境

本章主要介绍开发 VR 项目的硬件和软件，重点介绍了 HTC VIVE、VIVE PRO 的安装全过程及 Unity 的安装。

通过学习本章内容，要求读者能够独自安装 VR 项目开发的硬件和软件。

虚拟现实项目实战教程

2.1 学习任务：熟悉 HTC VIVE 设备

2.1.1 任务分析

本学习任务主要是学会 VIVE PRO 设备的安装及 SteamVR 的安装，通过安装软件，使 VIVE PRO 设备能够真正运行起来。

本学习任务主要分 5 步，如表 2-1 所示。

表 2-1 学习任务步骤

步骤	内容	备注
第 1 步	HTC VIVE 简介	
第 2 步	VIVE PRO 简介	
第 3 步	操控手柄按键介绍	
第 4 步	HTC VIVE 上的应用介绍	
第 5 步	VIVE PRO 安装	步骤流程

2.1.2 相关知识：SteamVR

SteamVR 是由 Valve 公司推出的一套 VR 软硬件解决方案，由 Valve 公司提供软件支持和硬件标准，授权技术给硬件生产公司，其中包括 HTC VIVE。

我们讨论 SteamVR 时，不同的情景所指的对象其实是不一样的。当运行一个 VR 程序时，需要提早打开 SteamVR，这个时候指的是 SteamVR Runtime（SteamVR 运行时），如果在开发 VR 项目时，需要导入 SteamVR，这个时候指的是 SteamVR Plugin 插件。

2.1.3 任务实施

1. HTC VIVE 简介

HTC VIVE 是由 HTC 与 Valve 联合开发的一款 VR 头显产品，于 2015 年 3 月在 MWC2015 上发布，如图 2-1 所示。

图 2-1　HTC VIVE

2. VIVE PRO 简介

2018 年 1 月 9 日，HTC 公司推出使用了 3K 分辨率的新头显 VIVE PRO，VIVE PRO 专业版配置双 3.5 英寸 AMOLED 屏幕，双眼分辨率 3K（2880×1600），比 VIVE 提升 78%，这意味着：更高清的画面、更丰富的颜色和细节，在 VR 中浏览文字、图像的效果更佳，整个 VR 体验也更加沉浸，其头盔如图 1-1 所示。

下面来介绍 VIVE PRO 专业版基础套装，表 2-2～表 2-6 分别对 VIVE PRO 的各种参数进行了列举。

表 2-2　VIVE PRO 专业版基础套装

序号	内容	参数
1	头戴式设备	头戴式设备连接线（已安装） 面部衬垫（已安装） 清洁布 耳机孔封盖 ×2 文档
2	VIVE PRO 串流盒	电源适配器 DisplayPort™ 连接线 USB 3.0 连接线 固定贴片

续表

序号	内容	参数
3	VIVE 定位器 1.0×2	定位器电源适配器 ×2 安装工具包
4	操控手柄 1.0×2	电源适配器 ×2 Micro-USB 连接线 ×2 挂绳 ×2

表 2-3　头戴式设备参数

序号	内容	参数
1	屏幕	2 个 3.5 英寸 AMOLED
2	分辨率	单眼分辨率 1440×1600，双眼分辨率为 3K（2880×1600）
3	刷新率	90 Hz
4	视场角	110 度
5	音频输出	Hi-Res Audio 认证头戴式设备 Hi-Res Audio 认证耳机（可拆卸式） 支持高阻抗耳机
6	音频输入	内置麦克风
7	连接口	USB-C 3.0, DP 1.2, 蓝牙
8	传感器	SteamVR 追踪技术、G-sensor 校正、gyroscope 陀螺仪、proximity 距离感测器、瞳距感测器
9	人体工学设计	可调整镜头距离（适配佩戴眼镜用户） 可调整瞳距 可调式耳机 可调式头带

表 2-4　操控手柄参数

序号	内容	参数
1	传感器	SteamVR 追踪技术 1.0
2	输入	多功能触摸面板、抓握键、二段式扳机、系统键、菜单键
3	连接口	Micro-USB

表 2-5　空间定位追踪设置

序号	内容	参数
1	站姿 / 坐姿	无最小空间限制
2	空间规模	最小为 2m×1.5m，最大为 3.5m×3.5m

表 2-6　最低计算机配置

序号	内容	参数
1	GPU	NVIDIA® GeForce® GTX 970 or AMD Radeon ™ R9 290 同等或更高配置
2	CPU	Intel® Core ™ i5-4590 or AMD FX ™ 8350 同等或更高配置
3	内存	4 GB 或以上
4	视频输出	DisplayPort 1.2 或更高版本
5	USB 端口	1 × USB 3.0 或更高版本的端口
6	操作系统	Windows® 7，Windows® 8.1 或更高版本、Windows® 10

3. 操控手柄按键介绍

如图 2-2 所示，操控手柄表每个按键的介绍已经标注得很清楚了，需要在今后的项目开发中慢慢体会每个控件的功能。

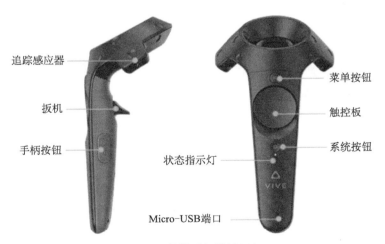

图 2-2　操控手柄按键图解

4. HTC VIVE 上的应用介绍

现在，在 HTC VIVE 上的应用已经非常多了，下面列举几个比较有名的应用。

（1）the Blue。the Blue 是一款画面美丽的深海体验类游戏，让玩家身临其境地感受海洋的魅力，并可与游戏场景进行互动。游戏的每一个细节都十分逼真完美，还在其中增加了游戏的互动性，使玩家可以直接与游戏场景进行互动，如玩家可以和海葵交互，如图 2-3 所示。

图 2-3　the Blue 进入界面

该游戏的沉浸感很强，在外面观看视频与戴上头盔后是两种截然不同的体验，戴上头盔后，外面的整个世界都被隔绝，让人完全沉浸在大海深处，体验深海的魅力，如图 2-4 所示。

（2）the Lab。the Lab 是一个多种游戏的合集，如修理机器人、保卫城堡、领养一只机械狗及其他更多的数种不同的虚拟实境游戏，如图 2-5 和图 2-6 所示。

（3）The Walk。The Walk 将游戏场景设置在纽约的曼哈顿街区，游戏开始的时候玩家就会置身于一台缓缓上升的升降机当中，玩家在升降机当中的视野非常开阔，街道、高楼等景色都尽收眼底，到楼顶后玩家可以体验高空走独木板，当掉下时视线在往下坠落，同时也在旋转着，就像一个人在下坠过程当中还在不断地翻滚，整个世界都在天旋地转并且伴随着眩晕。The Walk 界面如图 2-7 和图 2-8 所示。

图 2-4　*the Blue* 中的场景

图 2-5　*the Lab* 界面（1）

图 2-6　*the Lab* 界面（2）

图 2-7　*The Walk* 界面（1）

图 2-8　*The Walk* 界面（2）

（4）**Tilt Brush**。*Tilt Brush* 是谷歌推出的一款基于 VR 的画图应用，把用户带入一个虚拟的空间。只要带上 VR 头盔，用户就能在随意的空间作画，可以画任何东西，甚至是画出几乎不可能的质感，如火、雪及星星。Tilt Brush 界面如图 2-9 所示。

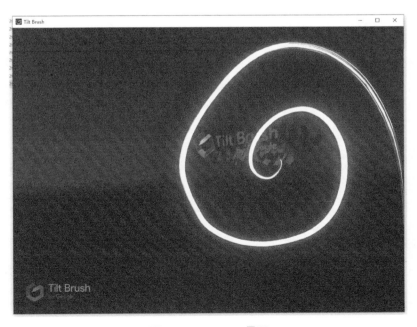

图 2-9　*Tilt Brush* 界面

5. VIVE PRO 安装

VIVE PRO 的安装主要是跟随官方提示的步骤来进行的。

（1）访问设备指南网站，网址为 https://www.vive.com/cn/setup/vive-pro-hmd/。

（2）根据官方提示，下载 VIVE 安装程序，双击安装程序开始安装，如图 2-10 所示。

图 2-10　进入安装界面

（3）单击"轻松上手"按钮，进入下一步，如图 2-11 所示。

图 2-11　欢迎使用 VIVE 界面

第 2 章　熟悉 VR 项目开发环境

（4）单击"我明白了"按钮，进入下一步，如图 2-12 所示。

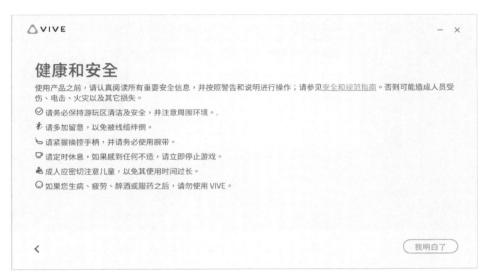

图 2-12　健康与安全信息界面

（5）根据实际的计算机配置情况，也可以无视提示，直接单击"下一步"按钮，进入下一步，如图 2-13 所示。

图 2-13　计算机配置提示界面

（6）单击"仍然继续"按钮，进入下一步，如图 2-14 所示。

（7）单击"登录"按钮，进入下一步，如图 2-15 所示。

21

图 2-14　建议更新计算机界面

图 2-15　提示登录账户界面

（8）如果没有账号，则可以注册一个，然后输入账号信息进行登录操作，如图 2-16 所示。

（9）单击"安装"按钮，进入正式开始安装软件，如图 2-17 和图 2-18 所示。

（10）打开"硬件安装概览"界面如图 2-19 所示。

（11）单击"下一步"按钮，进入下一步的安装，如图 2-20 所示。

（12）单击"下一步"按钮，进入下一步的安装，如图 2-21 所示。

第 2 章　熟悉 VR 项目开发环境

图 2-16　登录账户界面

图 2-17　安装界面（1）

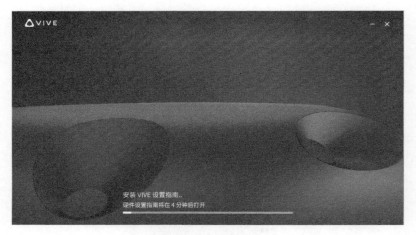

图 2-18　安装界面（2）

图 2-19　硬件安装概览

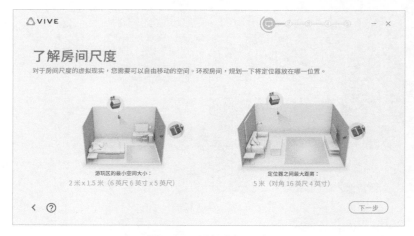

图 2-20　了解房间尺度

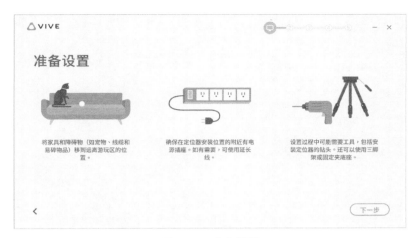

图 2-21 准备设置

(13)单击"下一步"按钮,进入下一步的安装,如图 2-22 所示。

图 2-22 定位器安装(1)

(14)单击"下一步"按钮,进入下一步的安装,如图 2-23 所示。
(15)单击"下一步"按钮,进入下一步的安装,如图 2-24 所示。
(16)单击"下一步"按钮,进入下一步的安装,如图 2-25 所示。
(17)单击"下一步"按钮,进入下一步的安装,如图 2-26 所示。
(18)单击"下一步"按钮,进入下一步的安装,如图 2-27 所示。
(19)单击"下一步"按钮,进入下一步的安装,如图 2-28 所示。
(20)单击"下一步"按钮,进入下一步的安装,如图 2-29 所示。
(21)单击"下一步"按钮,进入下一步的安装,如图 2-30 所示。
(22)等待检测完成,如图 2-31 所示。

图 2-23　定位器安装（2）

图 2-24　定位器安装（3）

图 2-25　定位器安装（4）

第 2 章　熟悉 VR 项目开发环境

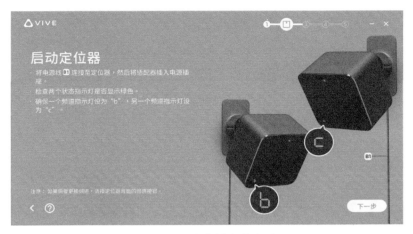

图 2-26　定位器安装（5）

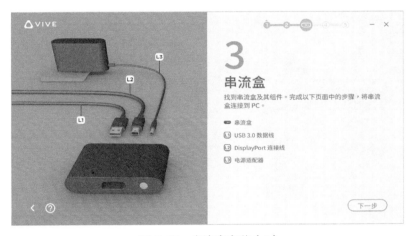

图 2-27　串流盒安装（1）

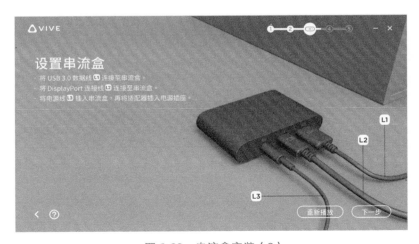

图 2-28　串流盒安装（2）

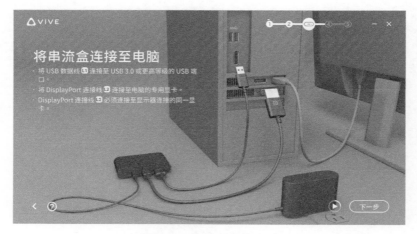

图 2-29 串流盒安装（3）

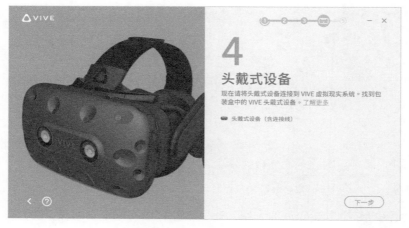

图 2-30 头戴式设备安装（1）

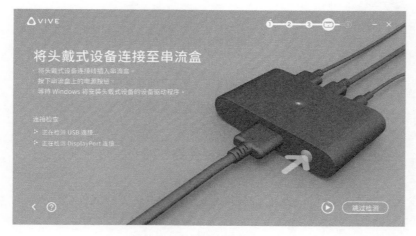

图 2-31 头戴式设备安装（2）

(23)单击"下一步"按钮,进入下一步的安装,如图 2-32 所示。

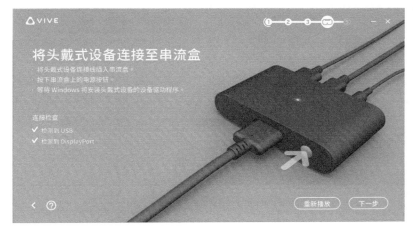

图 2-32　头戴式设备安装(3)

(24)单击"下一步"按钮,进入下一步的安装,如图 2-33 所示。

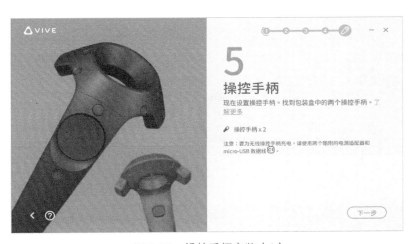

图 2-33　操控手柄安装(1)

(25)单击"下一步"按钮,进入下一步的安装,如图 2-34 所示。

(26)等待系统安装,如图 2-35 所示。

(27)安装 SteamVR,如果这一步一直安装不成功其可能是因为要访问国外网站的缘故,可以直接到 Steam 官网上再安装 SteamVR,或者采用技术手段完成该步骤,如图 2-36 所示。

(28)单击"设置游玩区"按钮,进入下一步的安装,如图 2-37 所示。

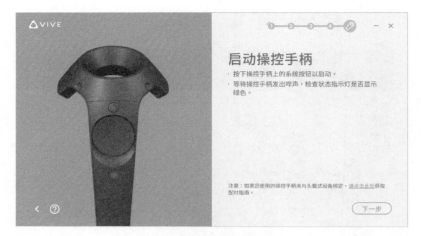

图 2-34 操控手柄安装（2）

图 2-35 安装等待界面

图 2-36 StearmVR 安装

第 2 章　熟悉 VR 项目开发环境

图 2-37　即将完成界面

（29）这一步可以选择"房间规模"和"仅站立"两种模式，根据实际情况进行选择。单击"房间规模"按钮进入下一步的安装，如图 2-38 所示。

图 2-38　房间设置（1）

（30）单击"下一步"按钮，进入下一步的安装，如图 2-39 所示。
（31）建立定位，放置好头盔和手柄，如图 2-40 所示。
（32）单击"下一步"按钮，进入下一步的安装，如图 2-41 所示。
（33）拉动并握住扳机，扣动扳机，如图 2-42 所示。
（34）单击"下一步"按钮，进入下一步的安装，如图 2-43 所示。
（35）将两个手柄放在地面进行地面校准，如图 2-44 所示。
（36）单击"下一步"按钮，进入下一步的安装，如图 2-45 所示。

图 2-39　房间设置（2）

图 2-40　房间设置（3）

图 2-41　房间设置（4）

图 2-42　房间设置（5）

图 2-43　房间设置（6）

图 2-44　房间设置（7）

图 2-45　房间设置（8）

（37）单击"下一步"按钮，进入下一步的安装，如图 2-46 所示。

图 2-46　房间设置（9）

（38）单击"下一步"按钮，进入下一步的安装，如图 2-47 所示。

（39）进行空间绘制。单击"下一步"按钮，进入下一步的安装，如图 2-48 所示。

（40）自动设置好游玩范围，单击"下一步"按钮，进入下一步的安装，如图 2-49 所示。

（41）单击"下一步"按钮，进入下一步的安装，如图 2-50 所示。

（42）根据提示戴上相关设备，如图 2-51 所示。

（43）跟着系统进行 SteamVR 教程的学习，如图 2-52 所示。

拓展：选择"仅站立"模式进行房间设置。

图 2-47　房间设置（10）

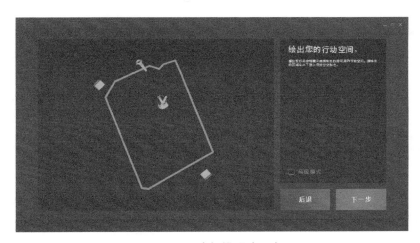

图 2-48　房间设置（11）

图 2-49　房间设置（12）

图 2-50　房间设置（13）

图 2-51　SteamVR 教程学习

图 2-52　SteamVR 教程学习

2.1.4 任务小结

本任务认识了 HTC VIVE 并完成了 VIVE PRO 的 VIVE 安装程序的安装，并且对 SteamVR 进行了设置，使得 VIVE PRO 能够正常运行 VR 程序。

2.2 学习任务：熟悉 Unity 开发环境

2.2.1 任务分析

本学习任务需要了解 Unity 的相关知识，并且能够顺利在计算机上安装 Unity 程序。本学习任务主要分 3 步，如表 2-7 所示。

表 2-7　学习任务步骤

步骤	内容	备注
第 1 步	Unity 下载	
第 2 步	Unity 安装	
第 3 步	Unity 编辑环境	菜单介绍

2.2.2 相关知识：Unity

Unity 打造了一个完美的生态开发链，它拥有自己的资源商店（Asset Store），用户可以在上面分享与下载各种资源，如图 2-53 所示。

Unity 编辑器可以运行在 Windows、Mac OS X 及 Linux 平台，它能做到一次开发部署到时下所有主流游戏平台，现在支持发布的平台有 20 多个，用户无须进行二次开发和移植，就可以将开发的产品部署到不同的平台，节省开发成本。

Unity 是当前业界领先的 VR/AR 内容制作工具，世界上超过 60% 的 VR/AR 内容都是用 Unity 制作完成的。

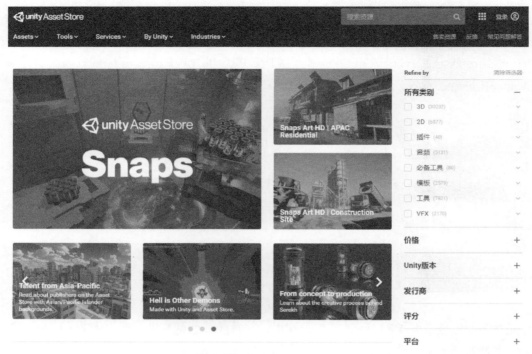

图 2-53　Unity Asset Store

2.2.3　任务实施

Unity 有两种方式进行安装，第一种是直接下载安装程序进行安装，第二种是通过下载安装 Unity Hub 后再进行安装，我们主要学习第一种安装方法。

1. Unity 下载

（1）在浏览器的地址栏中输入网址 https://unity.cn/，即可打开 Unity 网站，如图 2-54 所示，用户可以通过单击"在线购买"按钮，下载 Unity Hub，安装 Unity Hub 后，再通过 Unity Hub 安装 Unity 相关版本。

（2）将网页拖到最下面，有一个"下载"栏目如图 2-55 所示，单击"所有版本"链接，可以打开所有的版本，如图 2-56 所示。本书所使用的版本是 2019.1.9 版本，读者可以根据需求下载不同版本进行安装，也可以直接下载 Unity 编辑器进行离线安装。

2. Unity 安装

（1）找到下载的安装包 ityDownloadAssistant-2019.1.9，双击后进行安装，单击"Next"按钮进入下一步，如图 2-57 所示。

第 2 章　熟悉 VR 项目开发环境

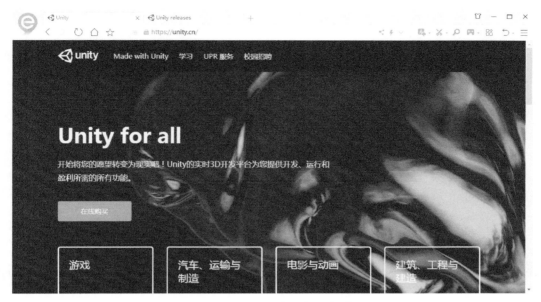

图 2-54　Unity 中国官网（1）

图 2-55　Unity 中国官网（2）

（2）勾选"I accept the terms of the License Agreement"复选框，单击"Next"按钮进入下一步，如图 2-58 所示。

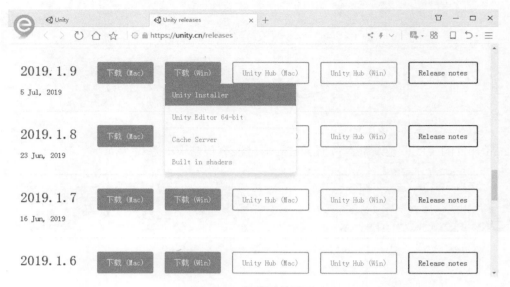

图 2-56　软件下载页面

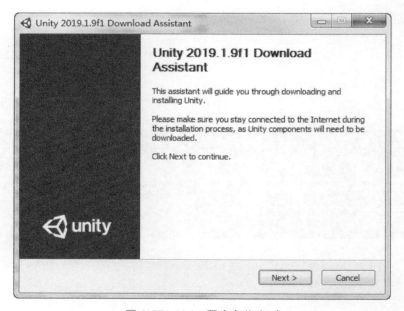

图 2-57　Unity 程序安装（1）

第 2 章 熟悉 VR 项目开发环境

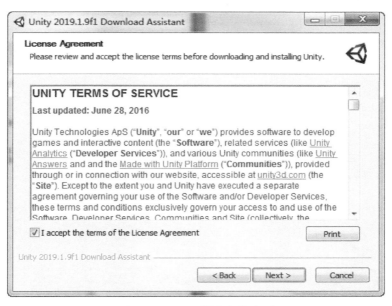

图 2-58　Unity 程序安装（2）

（3）勾选自己需要的项目，如图 2-59 所示，单击"Next"按钮进入下一步。

图 2-59　Unity 程序安装（3）

（4）选择好安装目录，如图 2-60 所示，单击"Next"按钮进入下一步。

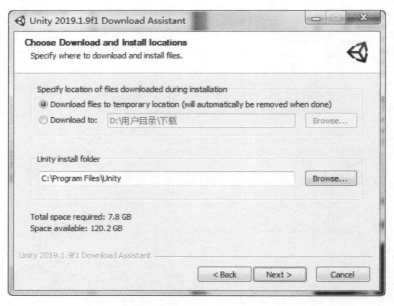

图 2-60　Unity 程序安装（4）

（5）勾选"I accept the terms of the License Agreement"复选框，选择"Next"按钮进入下一步，如图 2-61 所示。

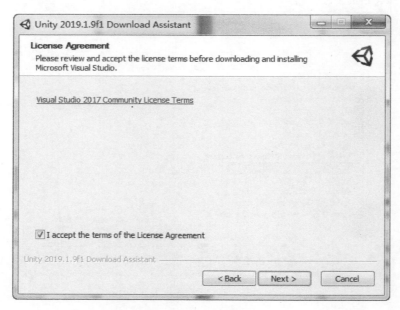

图 2-61　Unity 程序安装（5）

（6）进入安装部分，如图 2-62 所示。

第 2 章　熟悉 VR 项目开发环境

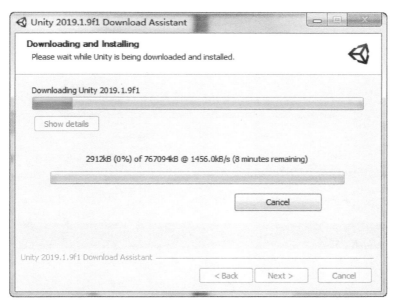

图 2-62　Unity 程序安装（6）

（7）安装完成，如图 2-63 所示。

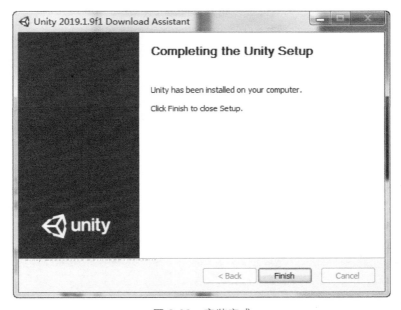

图 2-63　安装完成

（8）启动 Unity，按提示需要安装 Unity Hub，单击"Install"按钮下载并安装 Unity Hub，如图 2-64 所示。

图 2-64 Unity Hub 程序安装提示

（9）下载 Unity Hub，如图 2-65 所示。

图 2-65 Unity Hub 程序下载

（10）双击下载的 Unity Hub 安装程序进行安装。单击"我同意"按钮进入下一步，如图 2-66 所示。

图 2-66 Unity Hub 程序安装（1）

(11)选择安装路径,再单击"安装"按钮进入下一步,如图 2-67 所示。

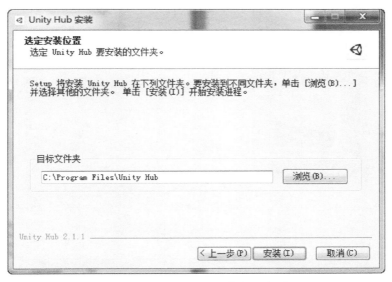

图 2-67　Unity Hub 程序安装(2)

(12)进入安装过程,如图 2-68 所示,安装完成后启动 Unity Hub,如图 2-69 所示。

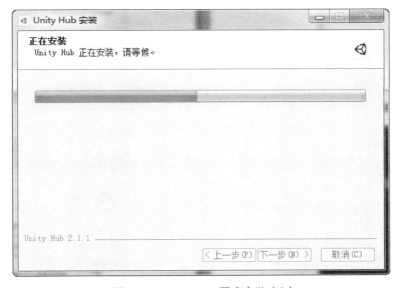

图 2-68　Unity Hub 程序安装(3)

(13)用户采用自己的 Unity 账号激活许可证,如图 2-70 ~ 图 2-75 所示。

图 2-69　Unity Hub 程序安装完成

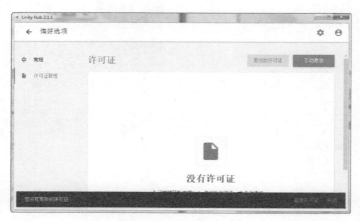

图 2-70　激活许可证

图 2-71　登录（1）

第 2 章　熟悉 VR 项目开发环境

图 2-72　登录（2）

图 2-73　登录（3）

图 2-74　激活许可证（1）

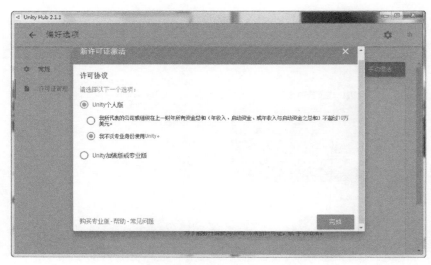

图 2-75　激活许可证（2）

（14）激活许可证完成后，单击"偏好选项"进入项目管理页面，如图 2-76 所示。

图 2-76　项目管理页面

3. Unity 编辑环境

（1）单击"新建"按钮，新建一个 Unity 程序，如图 2-77 所示。

（2）单击"创建"按钮，进入创建的项目，如图 2-78 所示。

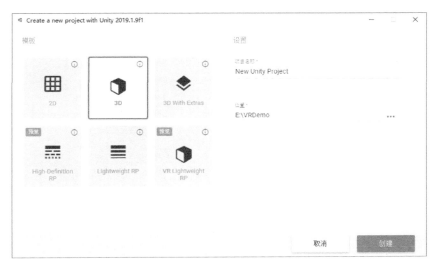

图 2-77　创建新项目

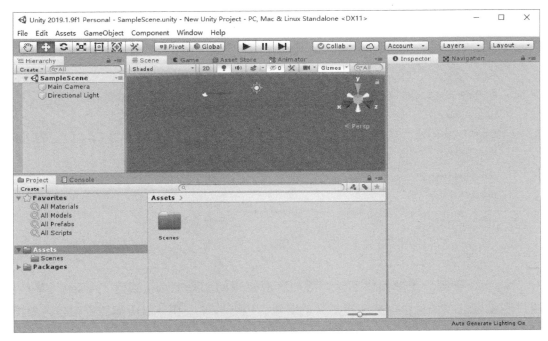

图 2-78　项目编辑界面

（3）了解各菜单基本功能。

File（文件）菜单主要包含工程与场景的创建、保存及输出等功能，如图 2-79 所示。

Edit（编辑）菜单主要用来实现场景内部相应编辑设置，如图 2-80 所示。

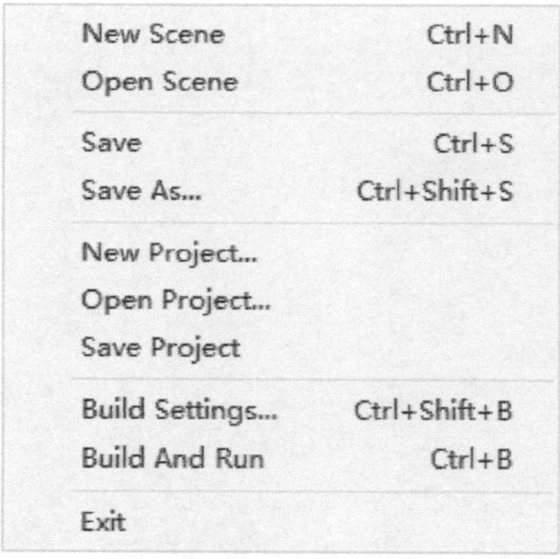

图 2-79　File（文件）菜单 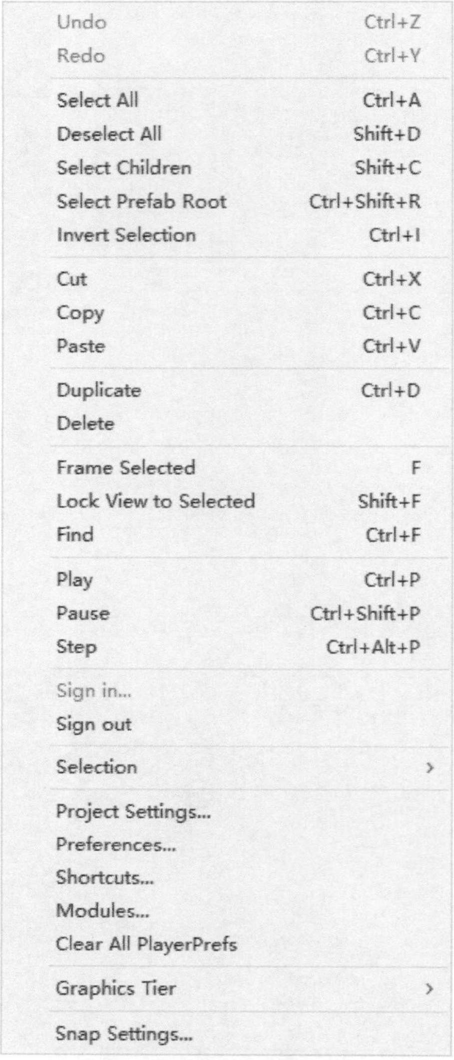　　　　　　　图 2-80　Edit（编辑）菜单

　　Assets（资源）菜单提供了针对游戏资源管理的相关工具，通过"Assets"菜单，用户不仅可以在场景中创建相应的游戏对象，也可以导入和导出所需的资源包，如图 2-81 所示。

　　GameObject（游戏对象）菜单主要用于创建游戏对象，如灯光、模型、UI 等，如图 2-82 所示。

　　Component（组件）菜单用于为场景提供多种组件资源，如图 2-83 所示。

　　Window（窗口）菜单可以控制编辑器的界面布局，还能打开各种视图及访问 Unity 的 Asset Store 在线资源商店，如图 2-84 所示。

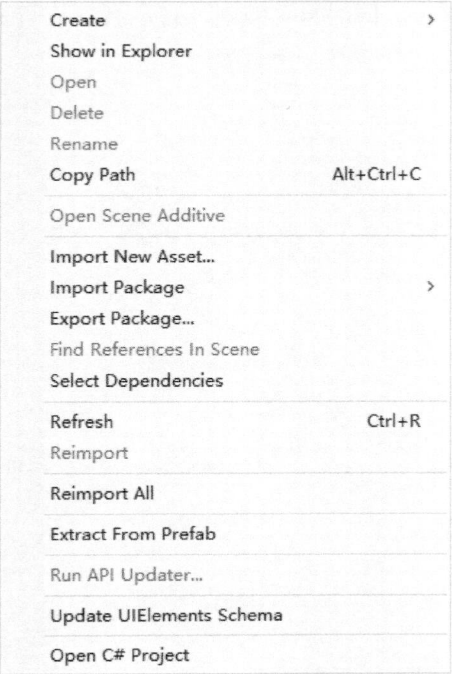

第 2 章 熟悉 VR 项目开发环境

Create	>
Show in Explorer	
Open	
Delete	
Rename	
Copy Path	Alt+Ctrl+C
Open Scene Additive	
Import New Asset...	
Import Package	>
Export Package...	
Find References In Scene	
Select Dependencies	
Refresh	Ctrl+R
Reimport	
Reimport All	
Extract From Prefab	
Run API Updater...	
Update UIElements Schema	
Open C# Project	

图 2-81　Assets（资源）菜单

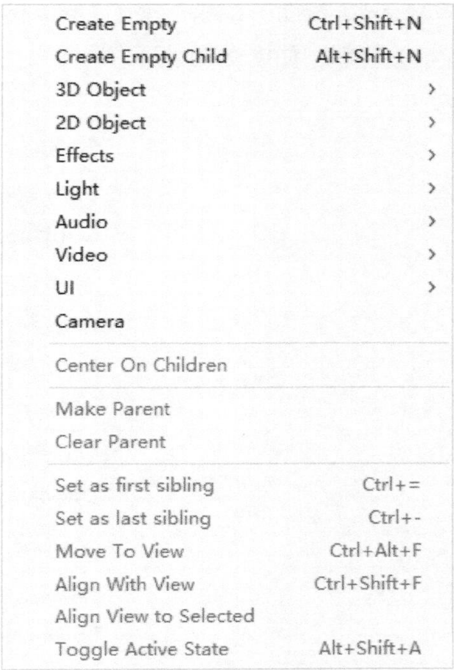

Create Empty	Ctrl+Shift+N
Create Empty Child	Alt+Shift+N
3D Object	>
2D Object	>
Effects	>
Light	>
Audio	>
Video	>
UI	>
Camera	
Center On Children	
Make Parent	
Clear Parent	
Set as first sibling	Ctrl+=
Set as last sibling	Ctrl+-
Move To View	Ctrl+Alt+F
Align With View	Ctrl+Shift+F
Align View to Selected	
Toggle Active State	Alt+Shift+A

图 2-82　GameObject（游戏对象）菜单

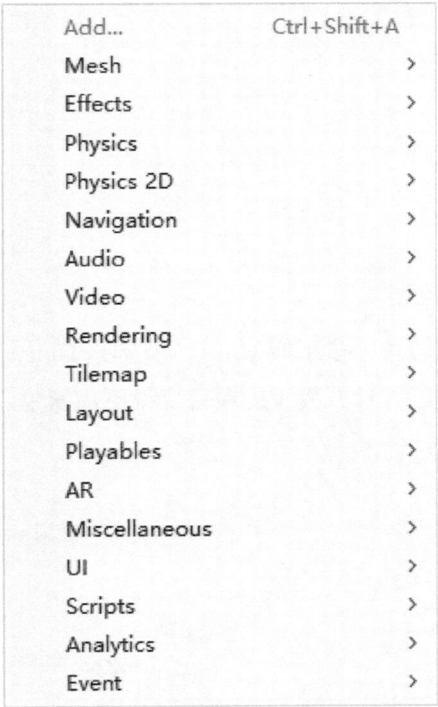

Add...	Ctrl+Shift+A
Mesh	>
Effects	>
Physics	>
Physics 2D	>
Navigation	>
Audio	>
Video	>
Rendering	>
Tilemap	>
Layout	>
Playables	>
AR	>
Miscellaneous	>
UI	>
Scripts	>
Analytics	>
Event	>

图 2-83　Component（组件）菜单

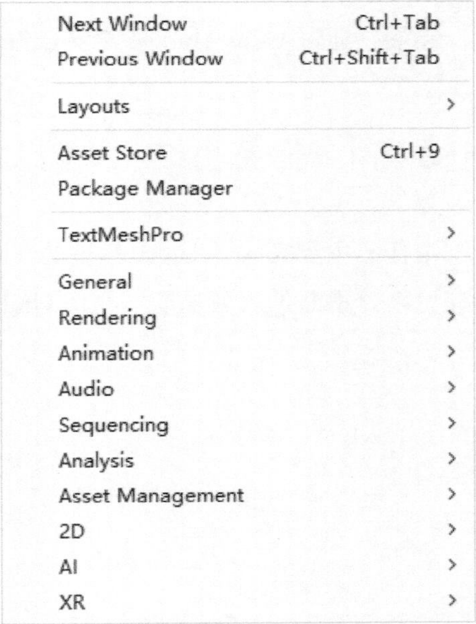

Next Window	Ctrl+Tab
Previous Window	Ctrl+Shift+Tab
Layouts	>
Asset Store	Ctrl+9
Package Manager	
TextMeshPro	>
General	>
Rendering	>
Animation	>
Audio	>
Sequencing	>
Analysis	>
Asset Management	>
2D	>
AI	>
XR	>

图 2-84　Window（窗口）菜单

Help（帮助）菜单汇聚了 Unity 的相关资源链接，同时也可以对软件的授权许可进行相关管理，如图 2-85 所示。

图 2-85　Help（帮助）菜单

拓展：通过 Unity Hub 来安装 Unity 程序。

2.2.4　任务小结

本任务主要完成了 Unity 软件的安装，通过安装进一步了解 Unity，特别是 Unity 不断在更新，不断加入新功能，相信 Unity 会越做越好，让开发 VR 项目变得更加简单。

本章小结

本章通过两个案例的学习,学习了为 VIVE PRO 头盔安装相关程序,同时也安装好了 SteamVR 与 Unity,为今后的 VR 项目开发打下良好的基础。

习 题

1. 简述 HTC VIVE 的优缺点。
2. 简述 VIVE PRO 安装的流程。
3. 简述 Unity 的优缺点。
4. 列出 5 个采用 Unity 开发的 VR 游戏,并针对游戏特点进行简要分析。
5. 简述 Unity 的安装步骤及安装难点。

第 3 章
第一个 VR 项目

知识目标
- 了解 VR 项目开发流程
- 掌握 VR 项目开发的方法

能力目标
- 能够熟练新建一个 VR 项目
- 能够熟练使用 SteamVR Plugin 和 VRTK 插件

学习任务
- 学习任务：熟悉 SteamVR Plugin 插件
- 学习任务：熟悉 VRTK 插件
- 学习任务：开发第一个 VR 项目

本章介绍使用 Unity 创建一个 VR 项目，通过项目的创建，了解 SteamVR Plugin 和 VRTK 插件的使用方法。

完成本章三个学习任务后的第一个 VR 项目效果图，如图 3-1 所示。

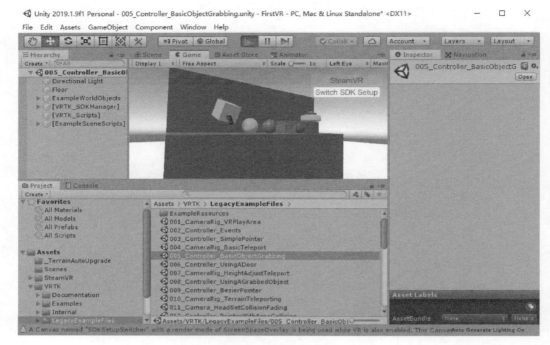

图 3-1　第一个 VR 项目

3.1　学习任务：熟悉 SteamVR Plugin 插件

图 3-2　项目结构

3.1.1　任务分析

本学习任务需要读者熟悉 SteamVR Plugin 插件，知道从什么地方获取该插件，并且将插件加载到项目中来。项目加载 SteamVR Plugin 插件后的效果，如图 3-2 所示。

本学习任务主要分 3 步，如表 3-1 所示。

表 3-1　学习任务步骤

步骤	内容	备注
第 1 步	新建一个 VR 项目	
第 2 步	下载 SteamVR Plugin 插件	从本书配套网站下载
第 3 步	加载 SteamVR Plugin 插件	

3.1.2　相关知识：SteamVR Plugin 插件

1. 认识 SteamVR Plugin

SteamVR Plugin 是 HTC VIVE 官方给出的一个方便开发者开发 VR 项目的插件。

2. 获取 SteamVR Plugin 插件的方法

（1）从 Unity Asset Store 上获取。可以直接打开 Unity Asset Store，搜索 SteamVR，即可找到该插件。

（2）从本书配套网站上获取。本书配套网站网址为 http://www.zjcourse.com/VR，读者可以从资源中下载，版本为 V1.2.3。目前在 Unity Asset Store 中有更新版本的 SteamVR Plugin 插件，但项目后续用到的 VRTK 插件暂时不支持 SteamVR Plugin 2.0 及以上版本，因此，建议读者采用配套网站上提供的版本。

（3）从网络其他地方获取。读者可以从网络其他地方，通过搜索引擎找到相应的插件，但是否能用，还需要读者自己测试。

3.1.3　任务实施

1. 新建一个 VR 项目

（1）启动 Unity 程序。现在的版本启动 Unity 编辑器时都会启动 Unity Hub，如图 3-3 和图 3-4 所示。

（2）新建项目，名称设为 FirstVR，如图 3-5 所示。

（3）单击"创建"按钮，完成创建项目。

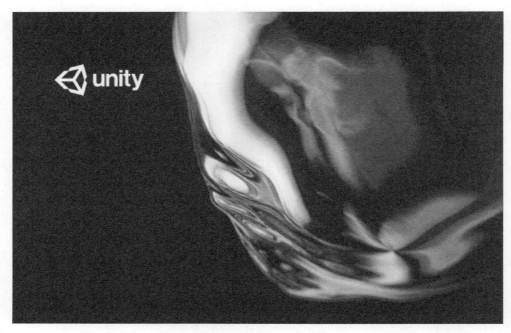

图 3-3　启动 Unity 程序

图 3-4　启动 Unity Hub

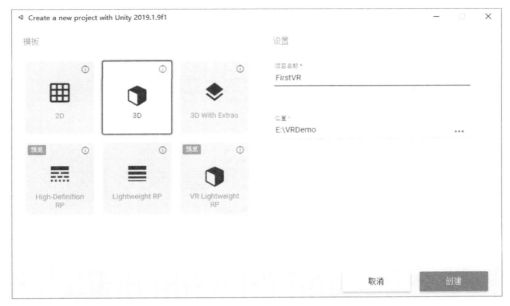

图 3-5　新建项目

2. 获取 SteamVR Plugin 插件

从本书配套网站获取 SteamVR Plugin 插件，版本为 V1.2.3。如图 3-6 所示，为 SteamVR Plugin 插件资源包。

      SteamVR.Plugin.unitypackage

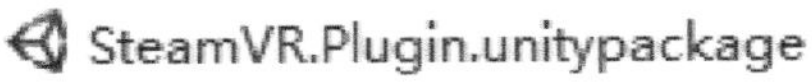

图 3-6　SteamVR Plugin 插件

3. 加载 SteamVR Plugin 插件

（1）双击 SteamVR Plugin 插件资源包进行加载。

（2）单击"Import"按钮，将全部资源加载进项目，如图 3-7 所示。

（3）单击"I Made a Backup.Go Ahead!"按钮，完成 API 的更新，如图 3-8 和图 3-9 所示。

（4）完成后，项目的结构如图 3-10 所示。

拓展：将普通相机修改成 VR 相机。

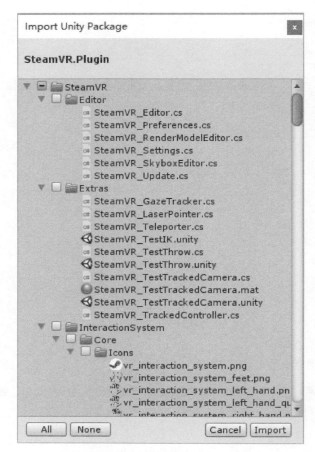

图 3-7 加载 SteamVR Plugin 插件

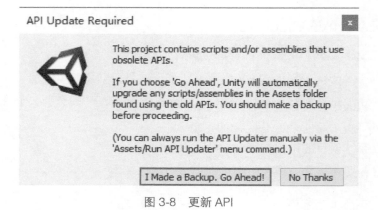

图 3-8 更新 API

图 3-9 加载 SteamVR Plugin 插件

图 3-10 项目结构

3.1.4 知识拓展：SteamVR Plugin 常用组件

SteamVR Plugin 插件主要的常用组件是 [CameraRig]，它包含了左右两个控制器及头部相机。从"Project"视图中找到 [CameraRig]，将其放到"Hierarchy"视图中，如图 3-11 所示。

1. Camera(eye)

Camera(eye) 在原始的相机基础上添加了 SteamVR_Camera 脚本，它的"Inspector"视图，如图 3-12 所示。

图 3-11　[CameraRig] 结构

图 3-12　Camera(eye) 的 "Inspector" 视图

2. Camera(ears)

Camera(ears) 是用来模拟耳朵的，在一个空物体上添加了 "Audio Listener" 和 "SteamVR_Ears(Script)" 脚本，其中 Vrcam 配置是指向 SteamVR_Camera 对象的，如果没有指定，在代码中也会自动获取的。它的 "Inspector" 视图如图 3-13 所示。

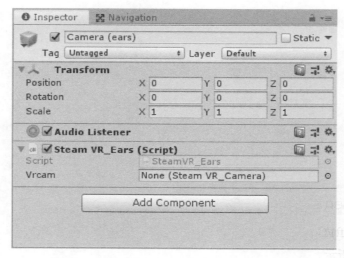

图 3-13　Camera(ears) 的 "Inspector" 视图

3. Camera(head)

Camera(head) 是用来模拟头部的，是最重要的头显设备。它的"Inspector"视图，如图 3-14 所示。

图 3-14　Camera(head) 的"Inspector"视图

4. Contoller(left)/Controller (right)

Contoller(left)/Controller (right) 是指左右手柄，以左手柄为例，它的"Inspector"视图，如图 3-15 所示。

图 3-15 Contoller(left) 的 "Inspector" 视图

Contoller(left) 就是在一个空物体上加了个 SteamVR_TrackedObject 脚本，手柄的索引并不是固定的，而是动态的，是通过 SteamVR_ControllerManager 来设置的。

在 Controller 下面还有一个 Model 子对象，它的 "Inspector" 视图，如图 3-16 所示。

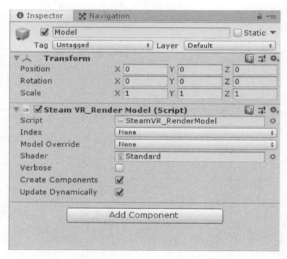

图 3-16 Model 的 "Inspector" 视图

Model 对象上面有一个 SteamVR_Render Model 脚本，它是用来渲染控制器模型的，会自动往 Model 下面添加手柄的模型。Model 对象的参数介绍如下。

（1）Index：控制器的索引。

（2）Model Override：选择一个控制器模型。

（3）Shader：模型所使用的 Shader。

（4）Verbose：会打印一些 log。

（5）Create Components：模型支持的话，会创建多个小部件，否则只会创建一个整体的模型。

（6）Update Dynamically：动态更新模型位置，这个只在运行状态下有用。

5. [CameraRig]

[CameraRig] 上面有"SteamVR_Controller Manager(Script)"和"SteamVR_Play Area(Script)"脚本，"SteamVR_Controller Manager(Script)"用于对控制器进行的管理，包括连接、索引等，"SteamVR_Play Area(Script)"用于在编辑器中显示一个游玩区。它的"Inspector"视图，如图 3-17 所示。

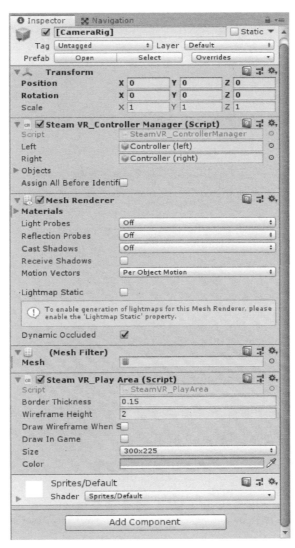

图 3-17　[CameraRig] 的"Inspector"视图

3.1.5 任务小结

本任务主要学习 SteamVR Plugin 插件的使用。通过完成学习任务，使读者对 SteamVR Plugin 插件的相关知识有一个综合的理解和掌握，并能够正确创建一个 VR 程序。

3.2 学习任务：熟悉 VRTK 插件

3.2.1 任务分析

本学习任务需要在上一个学习任务的基础上学习 VRTK 插件的使用。项目加载 VRTK 后的效果，如图 3-18 所示。

图 3-18　加载 VRTK

本学习任务主要分 2 步，如表 3-2 所示。

表 3-2　学习任务步骤

步骤	内容	备注
第 1 步	下载 VRTK 插件	从 Unity Asset Store 中下载
第 2 步	熟悉 VRTK 插件	

3.2.2 相关知识：VRTK 插件

1. VRTK 插件简介

VRTK 全称是 Virtual Reality Toolkit，前身是 SteamVR Toolkit，由于后续版本开始支持其他 VR 平台的 SDK，如 Oculus、Daydream、GearVR 等，后改名为 VRTK，它是使用 Unity 进行 VR 交互开发的利器，以二八原则来看，开发者可以使用 20% 的时间完成 80% 的 VR 交互开发内容。

2. VRTK 插件的特点

（1）VRTK 插件是免费开源的。所有人都可以使用，并且可以根据自己的需求，修改其中的代码。可以从 GitHub 上下载，网址为：https://github.com/ExtendRealityLtd/VRTK，也可以从 Unity Asset Store 中下载，直接搜索 VRTK 即可。

（2）VRTK 插件拥有丰富的说明文档。VRTK 插件的文档多达 200 多页，细化到每个函数和参数的作用及使用方法。并且，在挂载了脚本的属性面板中，鼠标悬停即可显示当前属性的说明，通过这些文档的支持，使得开发者能够在开发过程中比较顺利地使用这个工具集合提供的各项功能。

（3）VRTK 拥有丰富的案例供开发者参考使用。用户可以通过直接使用 VRTK 的案例来开发自己的项目。

（4）VRTK 插件的活跃度高。VRTK 插件在 GitHub 上非常活跃，并且 VRTK 插件作者会不定期更新自己的 YouTube 频道，解答在社区中提出的问题，和使用者分享一些小技巧。

3. VRTK 插件的功能

VRTK 插件能实现 VR 开发中大部分的交互效果，开发者只需要挂载几个脚本，然后设置相关的属性，就能实现开发者想要的功能，如能够控制手柄、控制头盔等。

3.2.3 任务实施

1. 下载 VRTK 插件

可以从本书配套网站上下载 VRTK 插件，也可以从 Unity Asset Store 中直接下载。下面讲解从 Unity Asset Store 中下载 VRTK 的步骤。

（1）在项目中打开 Unity Asset Store，在查找信息的地方输入"vrtk"，如图 3-19 所示。

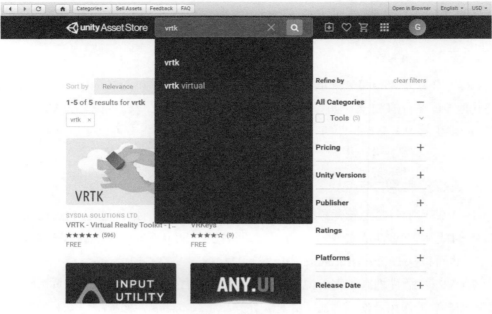

图 3-19　查找 VRTK

（2）选择 VRTK 插件，如图 3-20 所示，单击"Import"按钮，下载 VRTK 插件。

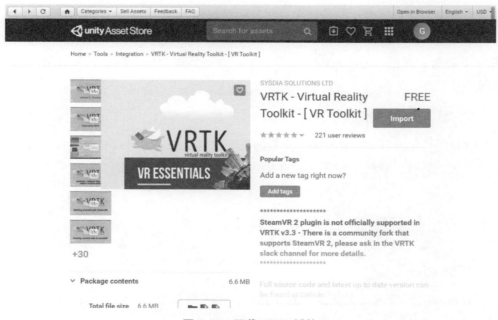

图 3-20　下载 VRTK 插件

（3）进入 VRTK 插件界面，单击"Import"按钮，将 VRTK 加载进项目，如图 3-21

和图 3-22 所示。

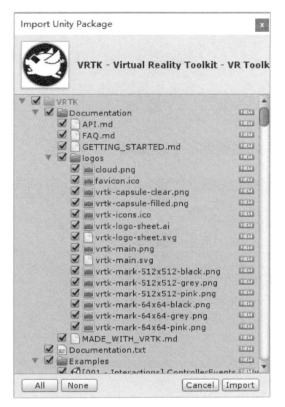

图 3-21 加载 VRTK 插件　　　　图 3-22 加载 VRTK 插件后的效果图

2. 熟悉 VRTK 插件

展开 VRTK，如图 3-23 所示，熟悉 VRTK 内容。

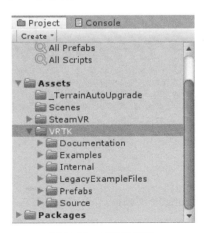

图 3-23 VRTK 结构

拓展：如何卸载 VRTK 插件。

3.2.4　知识拓展：VRTK 案例分析

本任务主要是熟悉 VRTK 插件的使用方法，完成下载 VRTK 插件并加装 VRTK 插件。

VRTK 案例和 VRTK 旧版本的案例如图 3-24 和图 3-25 所示。

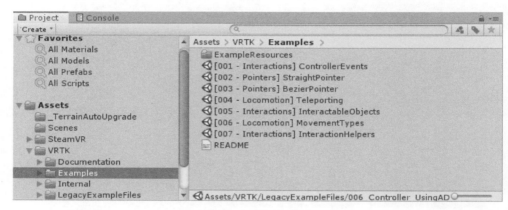

图 3-24　VRTK 案例

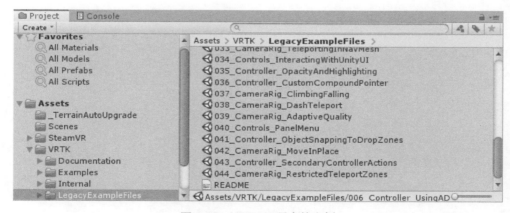

图 3-25　VRTK 旧版本的案例

1. VRTK 案例分析

（1）[001 - Interactions] ControllerEvents。在该场景中，用户按下手柄上的任意按钮后都会触发相应的事件，可以看到眼前的大屏幕上显示了相应的数据。同时，Unity 的控制台中也显示了相应的数据，如图 3-26 和图 3-27 所示。

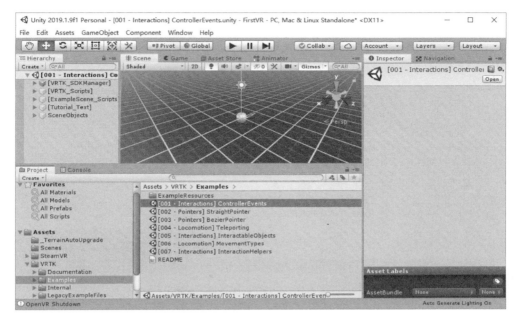

图 3-26　[001 - Interactions] ControllerEvents（1）

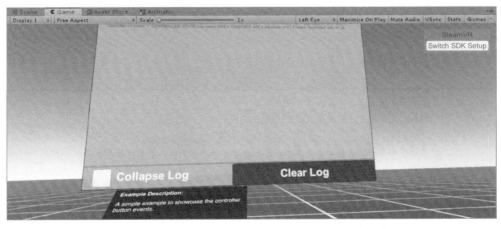

图 3-27　[001 - Interactions] ControllerEvents（2）

（2）[002 - Pointers] StraightPointer。在该场景中，用户触摸触摸板后会出现一条笔直的射线，按下触摸板并释放后会对射线触碰到的物体进行选择，可以看到物体的边框颜色有所变化，同时在 Unity 控制台中会打印出所选择的物体名字、手柄与物体之间的距离及射线顶端在物体上的位置，如图 3-28 和图 3-29 所示。

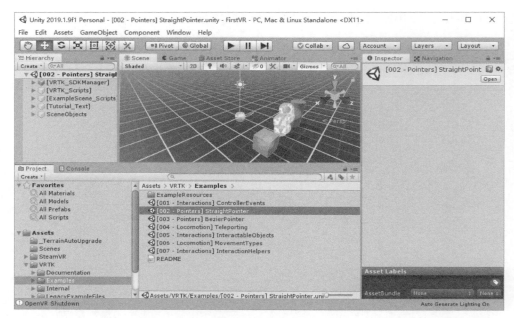

图 3-28 [002 - Pointers] StraightPointer（1）

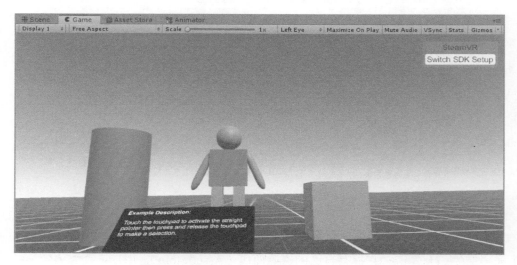

图 3-29 [002 - Pointers] StraightPointer（2）

（3）[003 - Pointers] BezierPointer。在这个场景中，用户触摸触摸板可以激活贝塞尔曲线，按下并释放触摸板进行选择。可以看到当前场景中有三个选项图块。选择左边的图块可以将射线变为线性的，选择右边的图块可以将射线样式变为自定义的样式，在该场景中自定义的样式为将射线顶端与物体接触后的样式变为光环，选择中间的图块可以将样式设置成贝塞尔曲线的默认样式，如图 3-30 和图 3-31 所示。

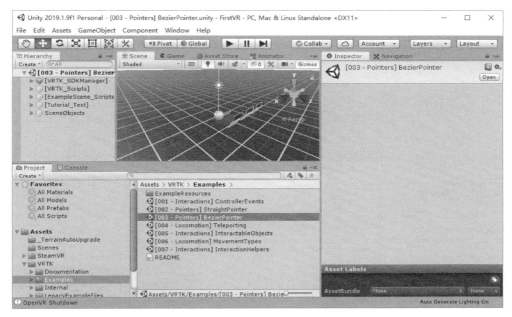

图 3-30　[003 - Pointers] BezierPointer（1）

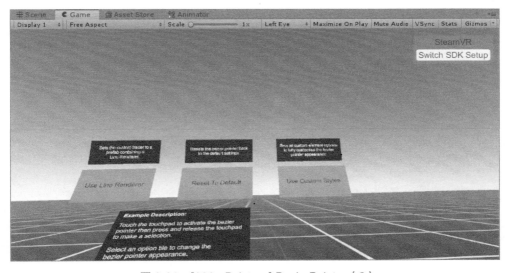

图 3-31　[003 - Pointers] BezierPointer（2）

（4）[004 - Locomotion] Teleporting。在该场景中，用户按下触摸板可以激活指针，然后释放触摸板可以传送到指针光标位置。用户可以传送方块到被网格碰撞器包围的石头上，高度不受限制，同时通过脚本对灰色方块进行了限制，使其不能作为传送地点，如图 3-32 和图 3-33 所示。

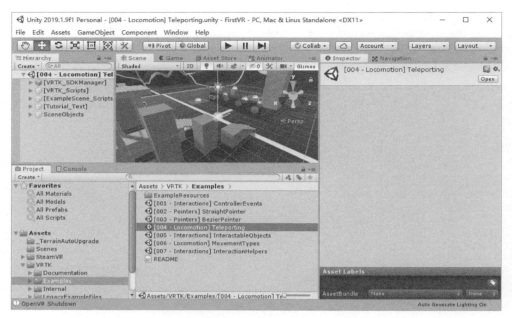

图 3-32　[004 - Locomotion] Teleporting（1）

图 3-33　[004 - Locomotion] Teleporting（2）

（5）[005 - Interactions] InteractableObjects。在该场景中有着许多的交互对象可与控制器接触、抓取和使用。例如，用户可以通过抓握按钮来拿起一把绿色的手枪，然后扣动扳机键就可以发射子弹。可以传送到每个站点，以发现可交互对象可以实现的目标，在可交互物体的上方都有文字说明。另外，按菜单按钮可以将手柄切换成自定义的手模型，如图 3-34 和图 3-35 所示。

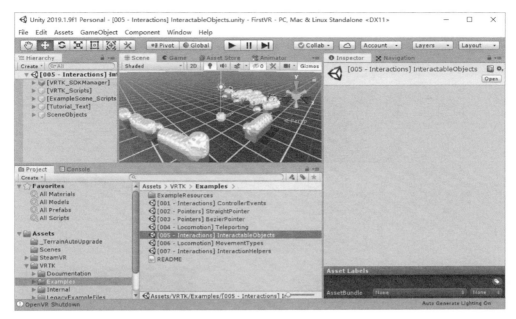

图 3-34　[005 - Interactions] InteractableObjects（1）

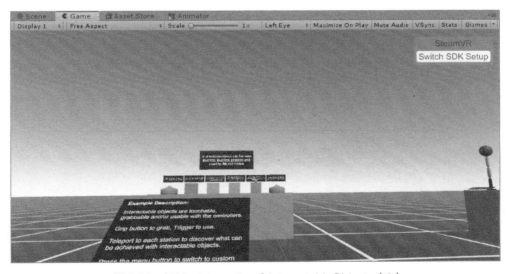

图 3-35　[005 - Interactions] InteractableObjects（2）

（6）[006 - Locomotion] MovementTypes。在该场景中，用户可以通过触摸板进行移动，同时可以对一些游戏物体进行攀爬。按下菜单按钮以显示移动类型控制中心，该中心将允许调整移动机制，如图 3-36 和图 3-37 所示。

图 3-36　[006 - Locomotion] MovementTypes（1）

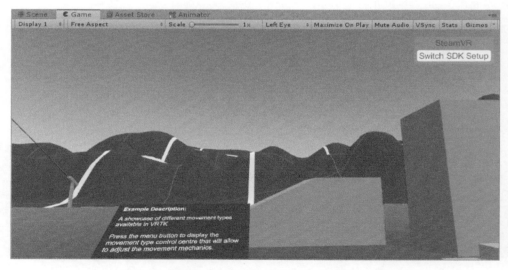

图 3-37　[006 - Locomotion] MovementTypes（2）

（7）[007 - Interactions] InteractionHelpers。在该场景中，用户可以通过手柄与物体开关等进行交互，也可以用射线与 UI 进行交互，还可以用射线对 UI 进行单击、选择、拖动等操作。扩展交互还包括其他有用的选项，例如，面板菜单、工具提示和 Unity UI，如图 3-38 和图 3-39 所示。

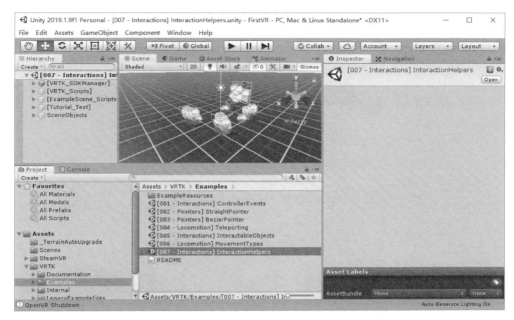

图 3-38　[007 - Interactions] InteractionHelpers（1）

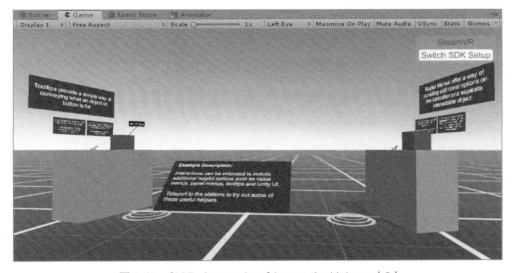

图 3-39　[007 - Interactions] InteractionHelpers（2）

2. VRTK 旧版案例分析

在 VRTK3.0 中也包含以前的 44 个案例，这里也给大家简单介绍一下。

（1）001_CameraRig_VRPlayArea。一个简单的场景，显示了 [CameraRig] 预制件的用法，如图 3-40 所示。

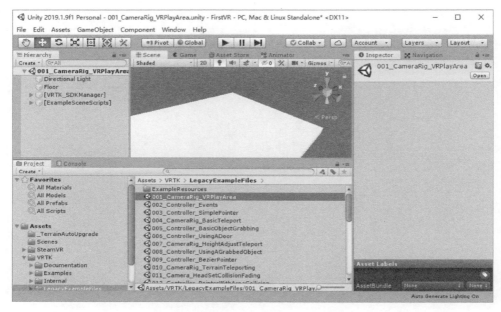

图 3-40　001_CameraRig_VRPlayArea

（2）002_Controller_Events。一个简单的场景，在控制台窗口中可以显示来自控制器的事件，如图 3-41 所示。

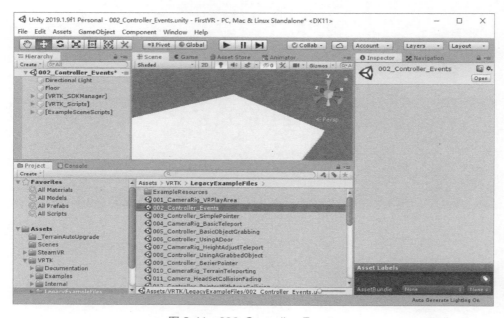

图 3-41　002_Controller_Events

（3）003_Controller_SimplePointer。该场景演示按下触摸板时从控制台发射一条镭射光线，在碰撞到其他对象时会有一个光标指针，该指针事件也显示在控制台窗口中，如图 3-42 所示。

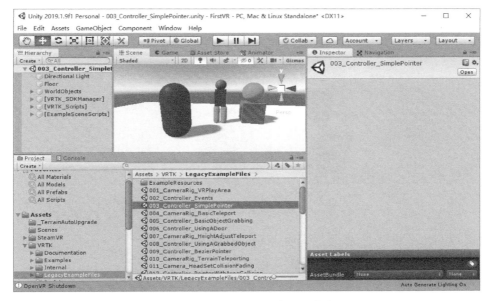

图 3-42　003_Controller_SimplePointer

（4）004_CameraRig_BasicTeleport。该场景演示按下触摸板时有镭射光线，松开触摸板时就会将用户传送到光标所在的位置，如图 3-43 所示。

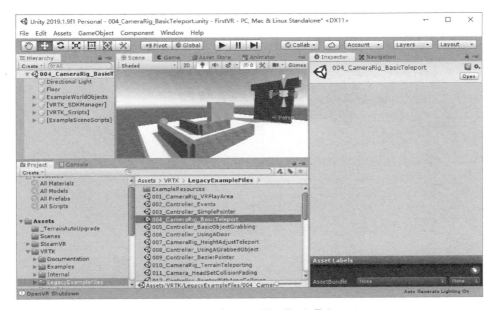

图 3-43　004_CameraRig_BasicTeleport

（5）005_Controller_BasicObjectGrabbing。该场景演示当用户用控制器触摸场景中的物体时，被触摸的物体会高亮显示，并且当用户按下扳机时即可抓起该物体，还能够将物体丢出去，如图 3-44 所示。

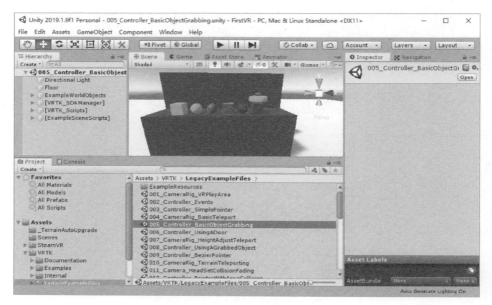

图 3-44　005_Controller_BasicObjectGrabbing

（6）006_Controller_UsingADoor。该场景演示如何实现开关门功能，如图 3-45 所示。

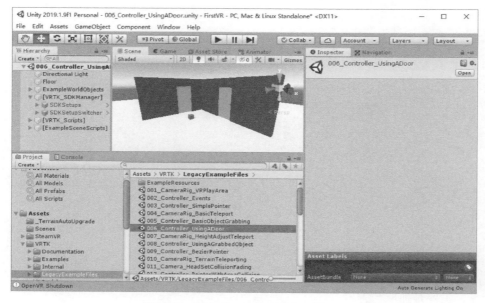

图 3-45　006_Controller_UsingADoor

（7）007_CameraRig_HeightAdjustTeleport。在场景中，可以选择不同高度的对象，可以使用控制器激光束遍历该场景以指向一个对象，如果激光束指向该对象的顶部，则将用户传送到该对象的顶部。如果用户进入游戏区域中不在对象上的一部分，则用户将跌落到最近的对象，如图 3-46 所示。

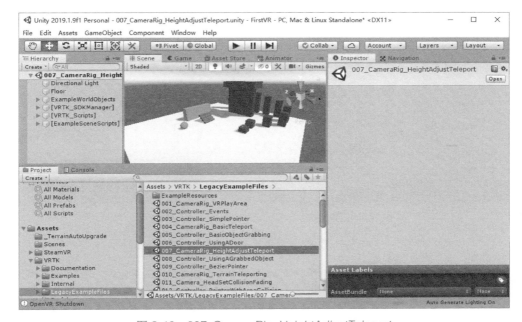

图 3-46　007_CameraRig_HeightAdjustTeleport

（8）008_Controller_UsingAGrabbedObject。该场景演示抓取之后再使用对象的功能。在场景中按 Grip 手柄按钮来抓取枪，再按下扳机即可开火，如图 3-47 所示。

（9）009_Controller_BezierPointer。在该场景中演示使用弯曲的光束，可以爬到用户看不见的物品上方，如图 3-48 所示。

（10）010_CameraRig_TerrainTeleporting。该场景显示了如何使用 Height Adjust Teleporter 来上下攀爬游戏对象及穿越地形，如图 3-49 所示。

（11）011_Camera_HeadSetCollisionFading。一个在游戏区域周围有三堵墙的场景，演示了防穿墙功能，如果用户将其头部放到任何可碰撞的墙中，则眼前会变黑，如图 3-50 所示。

（12）012_Controller_PointerWithAreaCollision。该场景演示当射线遇到障碍物时无法进行传送，如图 3-51 所示。

（13）013_Controller_UsingAndGrabbingMultipleObjects。该场景演示了与对象的复杂交互，主要是抓取与使用等交互动作，如图 3-52 所示。

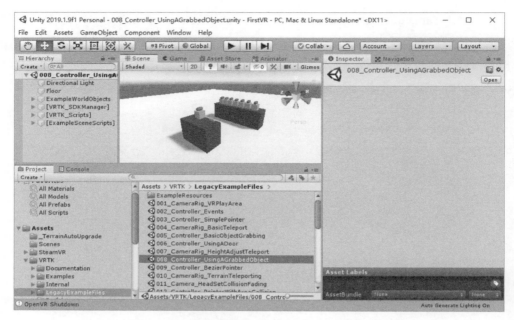

图 3-47　008_Controller_UsingAGrabbedObject

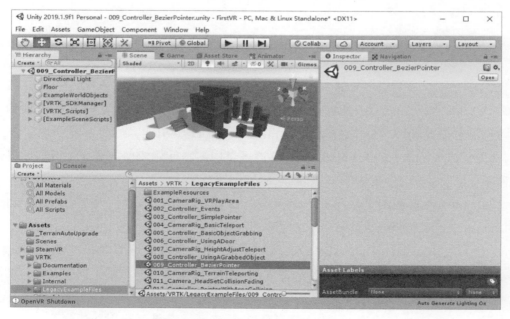

图 3-48　009_Controller_BezierPointer

第 3 章 第一个 VR 项目

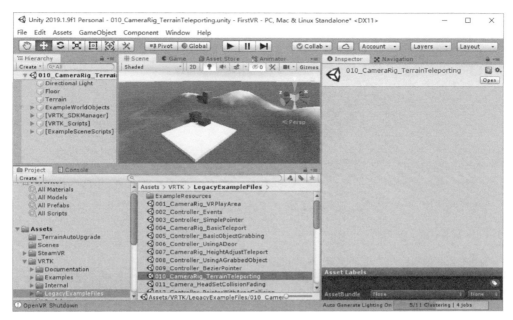

图 3-49 010_CameraRig_TerrainTeleporting

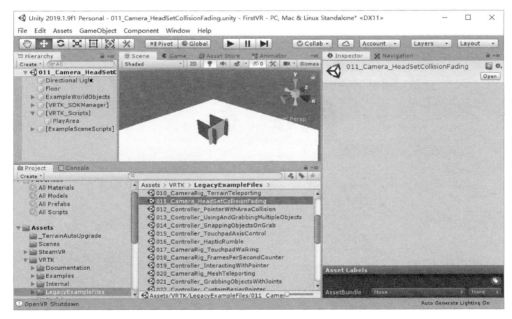

图 3-50 011_Camera_HeadSetCollisionFading

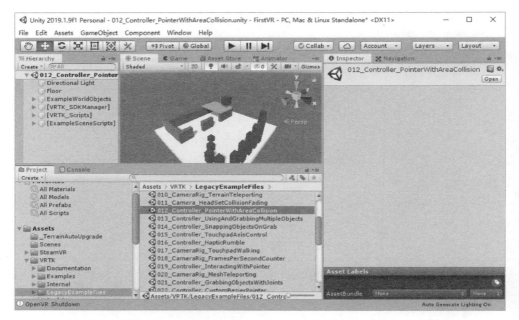

图 3-51　012_Controller_PointerWithAreaCollision

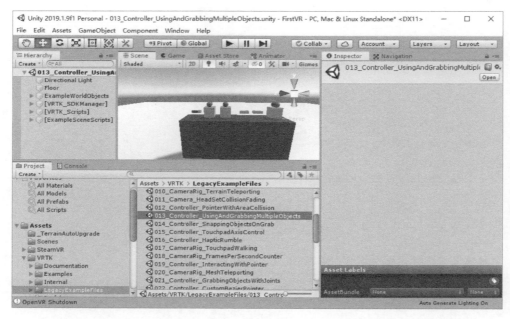

图 3-52　013_Controller_UsingAndGrabbingMultipleObjects

（14）014_Controller_SnappingObjectsOnGrab。该场景包含了一系列个性化的对象，演示了控制器不同的抓取对齐机制，如图 3-53 所示。

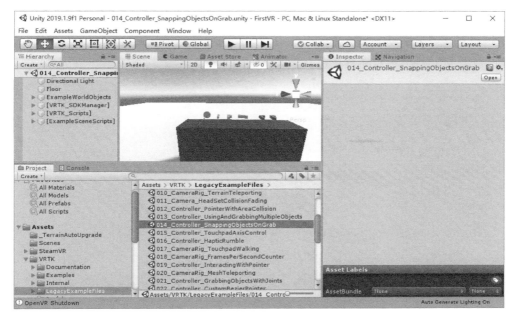

图 3-53　014_Controller_SnappingObjectsOnGrab

（15）015_Controller_TouchpadAxisControl。该场景演示了通过控制器触摸板来控制遥控车，如图 3-54 所示。

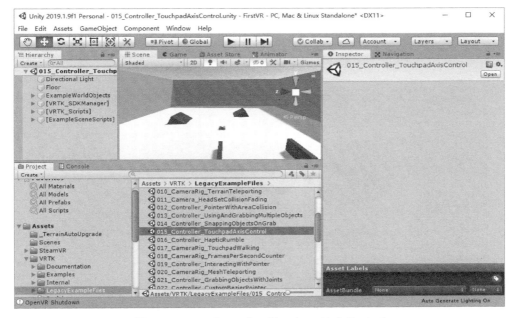

图 3-54　015_Controller_TouchpadAxisControl

（16）016_Controller_HapticRumble。在该场景中有易碎的盒子和一把剑，用户可以拿起剑并在盒子上摆动，控制器会以适当的振动隆隆作响，响度具体取决于剑击盒子的强度，如果被剑用力击打，盒子也会破裂，如图 3-55 所示。

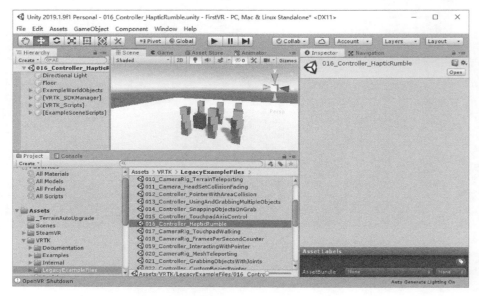

图 3-55　016_Controller_HapticRumble

（17）017_CameraRig_TouchpadWalking。该场景演示如何使用触摸板在场景中移动，如图 3-56 所示。

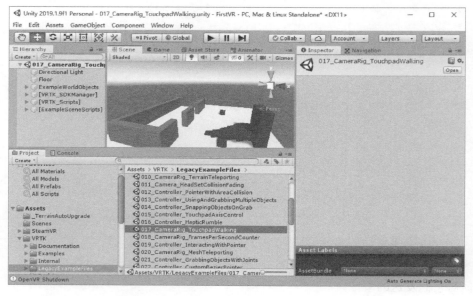

图 3-56　017_CameraRig_TouchpadWalking

（18）018_CameraRig_FramesPerSecondCounter。这是一个在头盔视图中心显示每秒显示帧的场景，如图 3-57 所示。

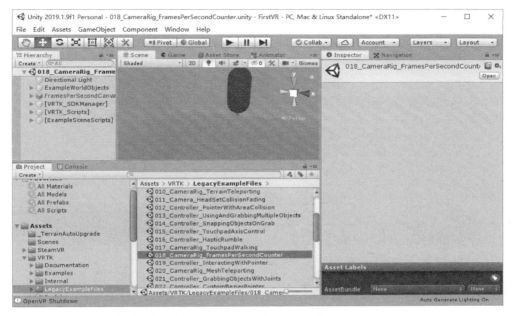

图 3-57　018_CameraRig_FramesPerSecondCounter

（19）019_Controller_InteractingWithPointer。该场景演示如何通过指针光线来使用可交互对象，按下触摸板激活光线，然后瞄准可交互对象，再按下扳机来激活使用，如图 3-58 所示。

（20）020_CameraRig_MeshTeleporting。该场景演示了场景中有网格碰撞体后的处理方法，如图 3-59 所示。

（21）021_Controller_GrabbingObjectsWithJoints。该场景演示了如何抓取、使用带关节的可交互对象，如图 3-60 所示。

（22）022_Controller_CustomBezierPointer。该场景演示了如何自定义贝塞尔曲线，如图 3-61 所示。

（23）023_Controller_ChildOfControllerOnGrab。该场景可看成一个简单的射箭小游戏，演示了抓取机制，当可交互对象被抓取时会变成控制器的子类，如图 3-62 所示。

（24）024_CameraRig_ExcludeTeleportLocations。该场景演示了如何把一个特定的对象排除在传送地点之外，如图 3-63 所示。

（25）025_Controls_Overview。该场景演示了很多交互式控件，演示如何设置它们及如何对它们发送的事件做出反应的不同方式，如图 3-64 所示。

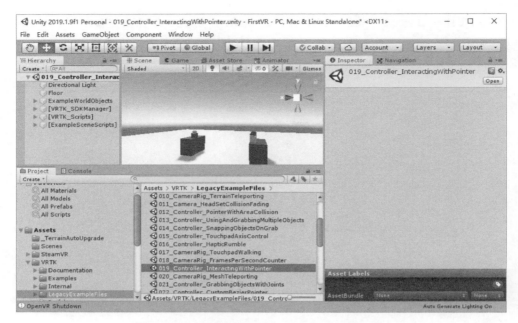

图 3-58 019_Controller_InteractingWithPointer

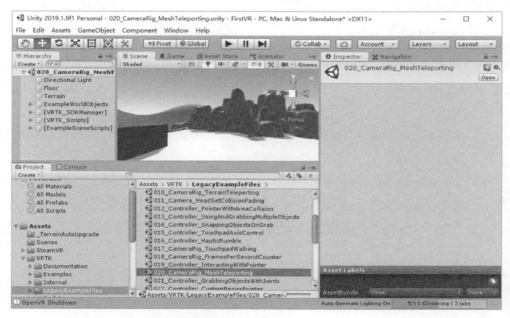

图 3-59 020_CameraRig_MeshTeleporting

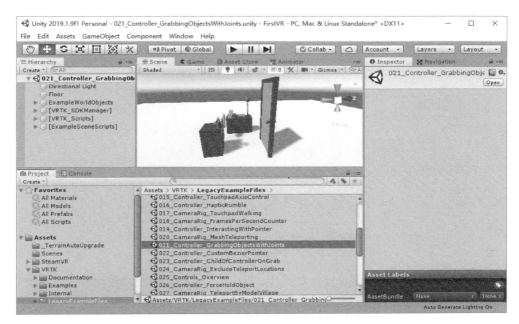

图 3-60　021_Controller_GrabbingObjectsWithJoints

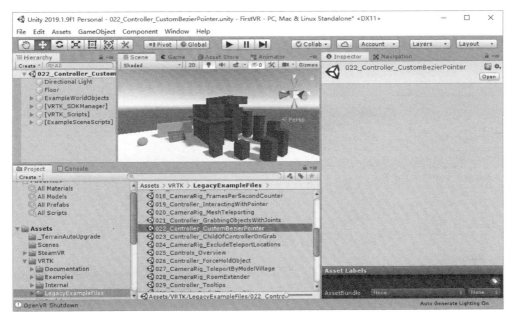

图 3-61　022_Controller_CustomBezierPointer

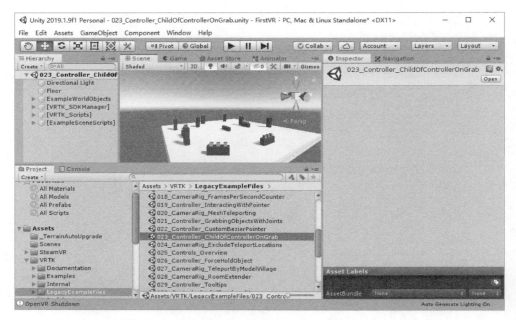

图 3-62 023_Controller_ChildOfControllerOnGrab

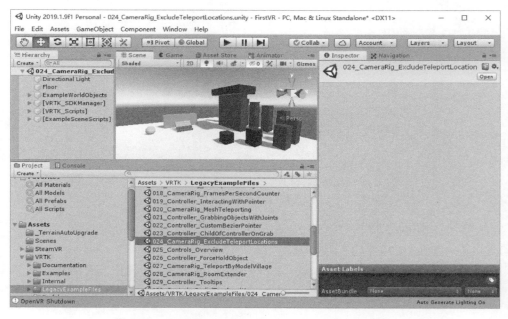

图 3-63 024_CameraRig_ExcludeTeleportLocations

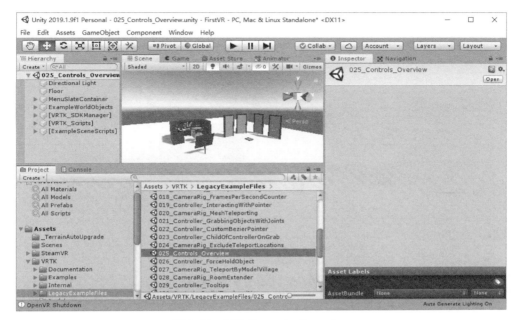

图 3-64　025_Controls_Overview

（26）026_Controller_ForceHoldObject。该场景演示如何在游戏开始时抓住对象并防止用户丢弃该对象。场景自动将两把剑刺到每个控制器上，并且不可能掉落任何一把剑，如图 3-65 所示。

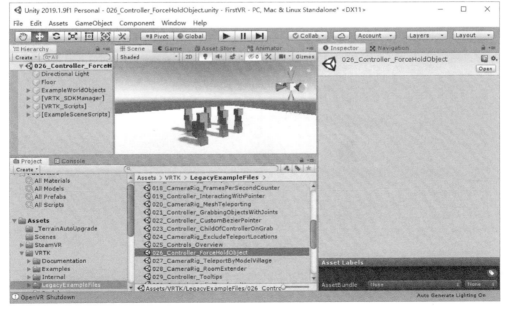

图 3-65　026_Controller_ForceHoldObject

（27）027_CameraRig_TeleportByModelVillage。该场景演示了传送的另外一种触发方式，演示触摸和使用地图上的对象会将用户传送到指定位置，如图 3-66 所示。

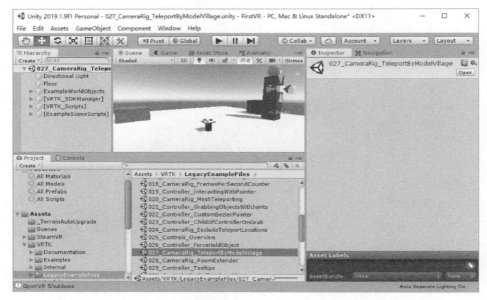

图 3-66　027_CameraRig_TeleportByModelVillage

（28）028_CameraRig_RoomExtender。该场景演示了一种传送之外的特殊移动方式，就是带着 Play Area 一起移动，如图 3-67 所示。

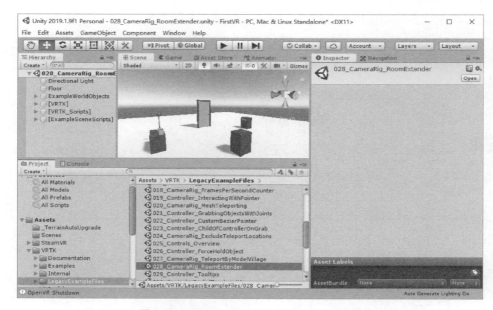

图 3-67　028_CameraRig_RoomExtender

（29）029_Controller_Tooltips。该场景演示了控制器和对象提示信息的展现方式，如图 3-68 所示。

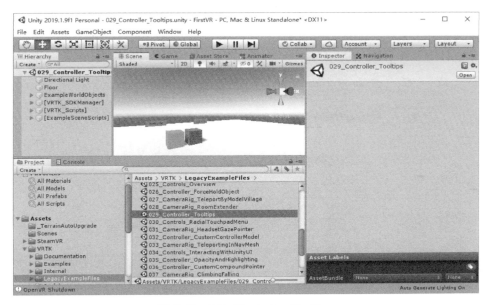

图 3-68　029_Controller_Tooltips

（30）030_Controls_RadialTouchpadMenu。该场景演示了如何使用预制件向控制器和其他对象添加控制器触摸板上的环形菜单，如图 3-69 所示。

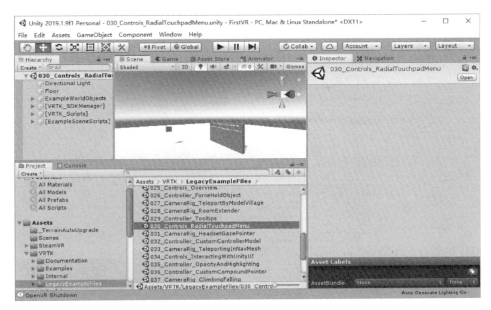

图 3-69　030_Controls_RadialTouchpadMenu

（31）031_CameraRig_HeadsetGazePointer。该场景演示将指针附加到头盔上，通过从头盔上发射光线进行交互，如图 3-70 所示。

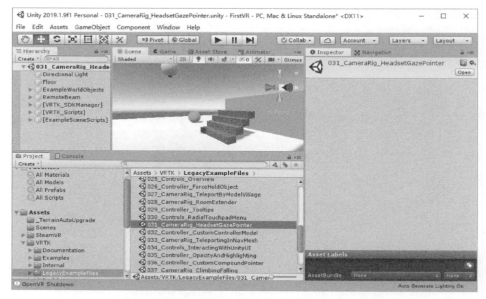

图 3-70　031_CameraRig_HeadsetGazePointer

（32）032_Controller_CustomControllerModel。该场景演示了如何对控制器使用自定义模型，而不是默认的 HTC VIVE 控制器，如图 3-71 所示。

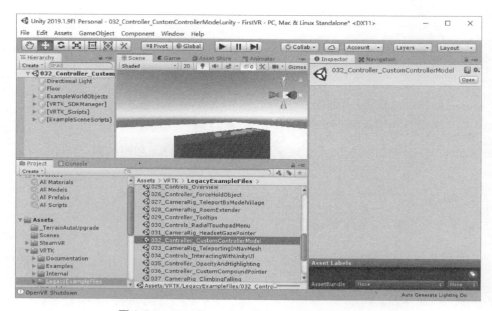

图 3-71　032_Controller_CustomControllerModel

（33）033_CameraRig_TeleportingInNavMesh。该场景演示如何使用烘焙的 NavMesh 定义允许用户传送到的区域，如图 3-72 所示。

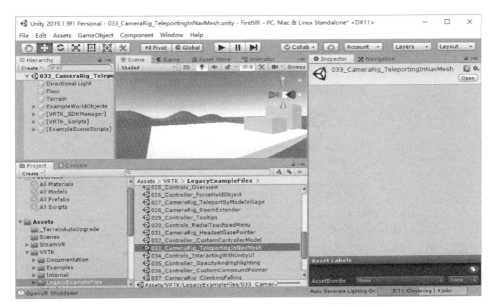

图 3-72　033_CameraRig_TeleportingInNavMesh

（34）034_Controls_InteractingWithUnityUI。该场景演示如何与 Unity UI 元素进行交互，如图 3-73 所示。

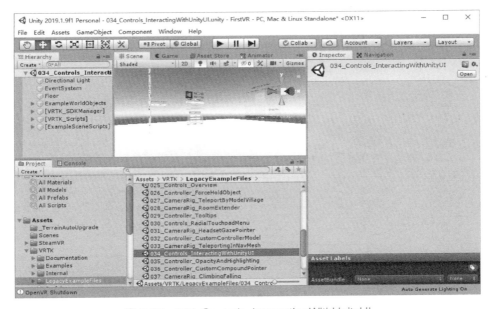

图 3-73　034_Controls_InteractingWithUnityUI

（35）035_Controller_OpacityAndHighlighting。该场景演示如何更改控制器的不透明度及如何突出显示控制器的元素，例如，按钮，甚至整个控制器模型，如图3-74所示。

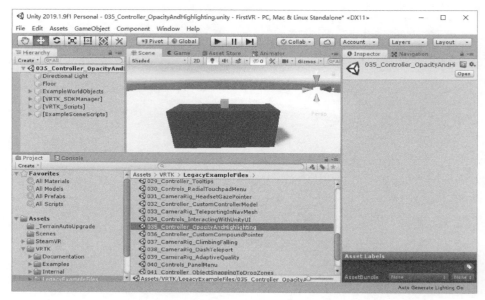

图 3-74　035_Controller_OpacityAndHighlighting

（36）036_Controller_CustomCompoundPointer。该场景演示了贝塞尔曲线指针如何仅在传送位置有效时才能显示对象，并可以沿示踪曲线创建动画轨迹，如图3-75所示。

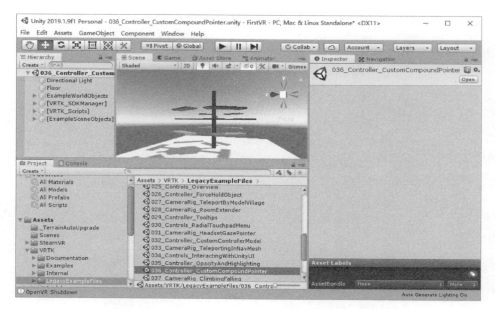

图 3-75　036_Controller_CustomCompoundPointer

（37）037_CameraRig_ClimbingFalling。这是一个攀岩场景，里面有很多可以攀爬的对象，如图3-76所示。

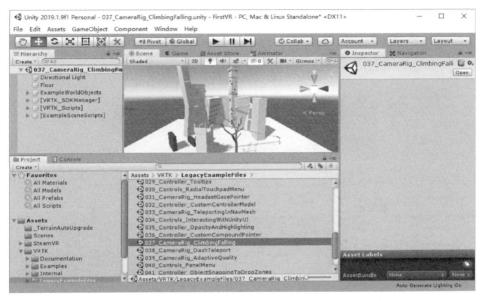

图3-76　037_CameraRig_ClimbingFalling

（38）038_CameraRig_CameraRig_DashTeleport。该场景演示了瞬移效果，如图3-77所示。

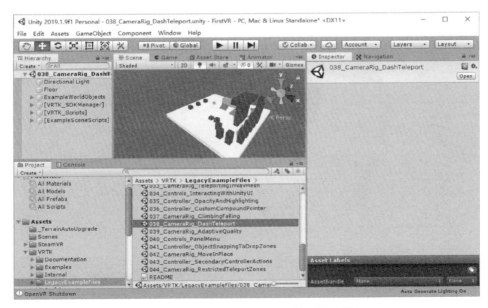

图3-77　038_CameraRig_CameraRig_DashTeleport

（39）039_CameraRig_AdaptiveQuality。该场景是一个优化的案例，挂载 VRTK_AdaptiveQuality 脚本后，游戏会根据 GPU 的负荷去调整渲染的效果，如图 3-78 所示。

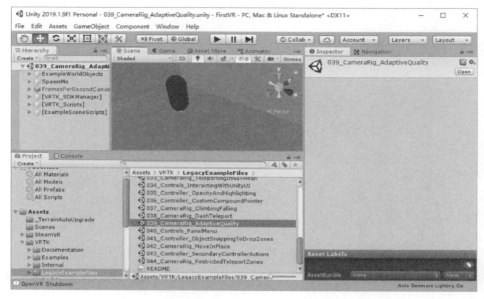

图 3-78　039_CameraRig_AdaptiveQuality

（40）040_Controls_PanelMenu。该场景演示如何将可交互的面板预制件附加到游戏对象上以提供其他设置，如图 3-79 所示。

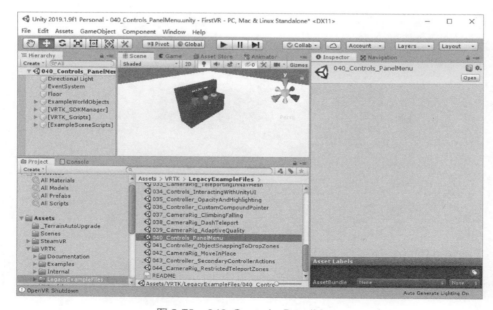

图 3-79　040_Controls_PanelMenu

（41）041_Controller_ObjectSnappingToDropZones。该场景是一个物体放置的案例，可以指定允许放置的物体，如图 3-80 所示。

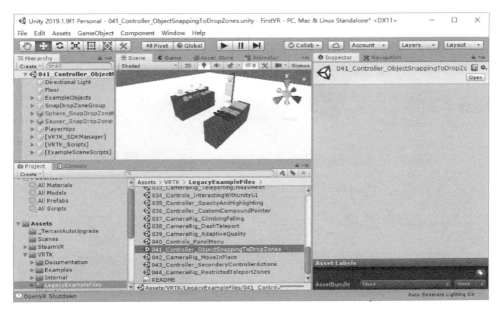

图 3-80　041_Controller_ObjectSnappingToDropZones

（42）042_CameraRig_MoveInPlace。该场景演示了用户如何移动，如图 3-81 所示。

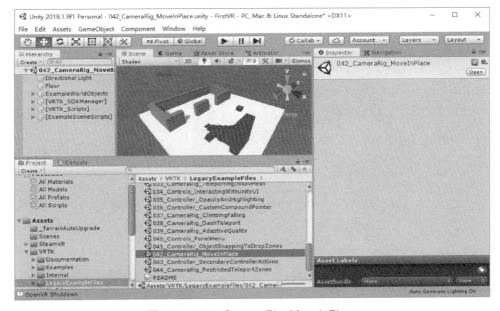

图 3-81　042_CameraRig_MoveInPlace

（43）043_Controller_SecondaryControllerActions。该场景演示了双手如何操作游戏对象，如图 3-82 所示。

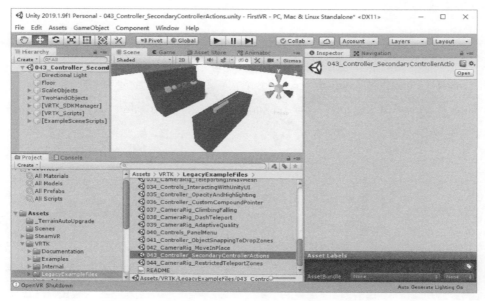

图 3-82　043_Controller_SecondaryControllerActions

（44）044_CameraRig_RestrictedTeleportZones。该场景演示如何设置一些指定的点来进行瞬移，如图 3-83 所示。

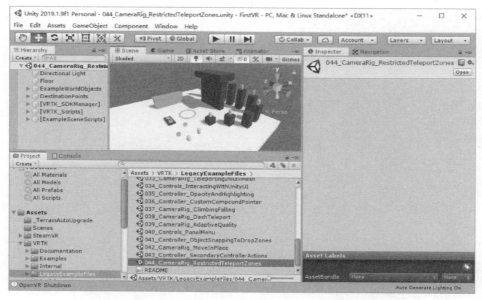

图 3-83　044_CameraRig_RestrictedTeleportZones

3.2.5 任务小结

本任务主要是熟悉 VRTK 插件的使用方法，完成下载 VRTK 插件然后在项目中加载 VRTK 插件。

3.3 学习任务：开发第一个 VR 项目

3.3.1 任务分析

本学习任务需要在上一学习任务的基础上开发第一个 VR 项目，主要完成抓取物体的游戏功能。项目效果，如图 3-84 所示。

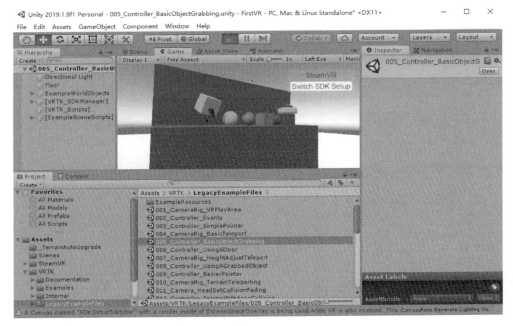

图 3-84　第一个 VR 项目

本学习任务主要分 3 步，如表 3-3 所示。

表 3-3　学习任务步骤

步骤	内容	备注
第 1 步	加载 005_Controller_BasicObjectGrabbing 场景	
第 2 步	启动 SteamVR	
第 3 步	运行第一个 VR 项目	

3.3.2　相关知识：使用 SteamVR Plugin 插件和 VRTK 插件

SteamVR Plugin 插件是实现所有交互的基础，VRTK 插件是由第三方开发的，是基于 SteamVR Plugin 插件的，提供了更加丰富的交互功能。

开发 VR 项目可以不使用 VRTK 插件，直接使用 SteamVR Plugin 插件也能开发出 VR 项目，但当用户想使用 VRTK 插件时，要同时加载 SteamVR Plugin 插件。

3.3.3　任务实施

1. 加载 005_Controller_BasicObjectGrabbing 场景

依次展开"VRTK"→"LegacyExampleFiles"，双击第 5 个场景"005_Controller_BasicObjectGrabbing"，如图 3-85 所示，将其加载进来。

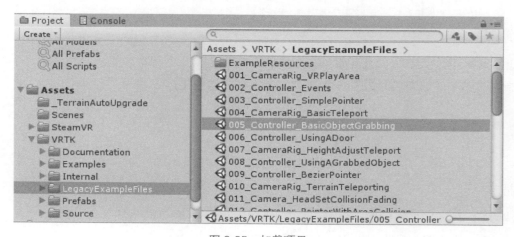

图 3-85　加载项目

2. 启动 SteamVR

启动 SteamVR，打开手柄电源，确保项目能够正常运行，如图 3-86 和图 3-87 所示。

图 3-86　启动 SteamVR　　　　图 3-87　SteamVR 运行状态

3. 运行第一个 VR 项目

单击"运行"按钮（即"Play"），如图 3-88 所示，运行第一个 VR 项目。

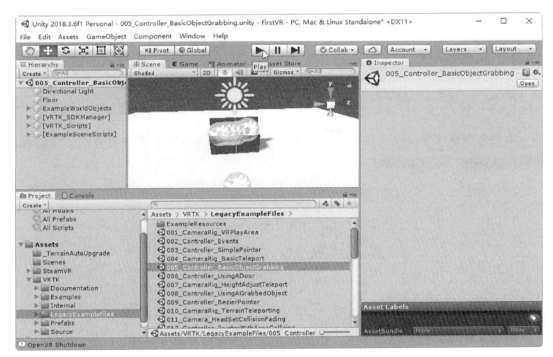

图 3-88　运行 VR 项目

拓展：应用其他 VTTK 案例。

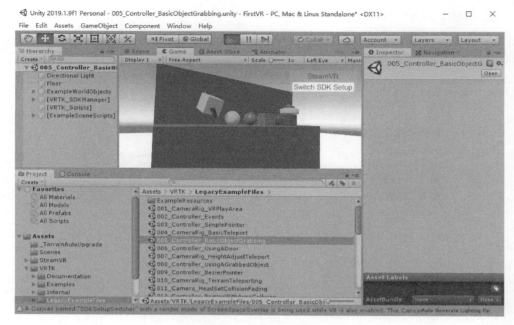

图 3-89　运行效果

3.2.4　任务小结

本任务完成了第一个 VR 项目的设计，主要是完成对 VRTK 插件自带项目的加载，并使用该案例，完成基本操作。

本章 3 个学习任务循序渐进，功能逐步完善。通过完成 3 个学习任务，使读者对 VR 项目开发有一个综合的理解和掌握，并能应用所学的知识完成一个简单的 VR 项目，为今后的学习打下良好的基础。

习 题

1. 简述 VR 项目开发的流程。
2. SteamVR Plugin 插件主要的作用是什么？
3. 如何使用 SteamVR Plugin 插件？
4. 如何使用 VRTK 插件？
5. 简述几个 VRTK 插件自带案例的基本功能。

第 4 章
VR 保龄球项目开发

知识目标
- 了解 VR 项目的开发流程
- 掌握 VR 项目的结构
- 掌握 VR 项目开发的基本方法

能力目标
- 能够熟练搭建项目环境
- 能够通过 VRTK 案例配置项目环境
- 能够完成项目的开发与优化

学习任务
- 学习任务：搭建项目环境
- 学习任务：配置项目环境
- 学习任务：项目开发
- 学习任务：项目完善

本章通过开发一个 VR 保龄球项目来学习 VR 项目开发，本章设计了 4 个学习任务：搭建项目环境、配置项目环境、项目开发和项目优化。通过完成 4 个学习任务，读者能够入门开发出有一定规模的 VR 项目。

完成本章 4 个学习任务后的 VR 保龄球项目效果图，如图 4-1 所示。

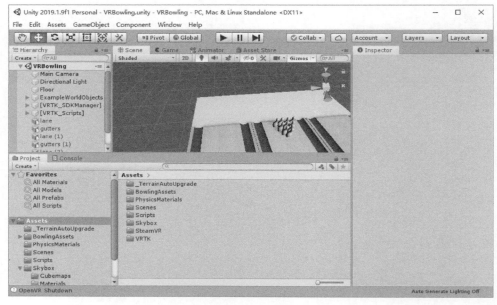

图 4-1 VR 保龄球项目

4.1 学习任务：搭建项目环境

4.1.1 任务分析

本学习任务需要完成整个 VR 保龄球项目的环境搭建。搭建好后的效果，如图 4-2 所示。

本学习任务主要分 4 步，如表 4-1 所示。

表 4-1 学习任务步骤

步骤	内容	备注
第 1 步	新建项目	
第 2 步	加载 SteamVR Plugin 插件和 VRTK 插件	从本书配套网站和 Unity Asset Store 下载
第 3 步	加载保龄球相关资源	从本书配套网站下载
第 4 步	布局项目场景	

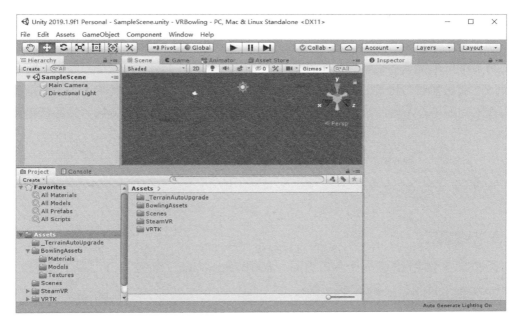

图 4-2 搭建项目环境

4.1.2 相关知识：VR 项目开发流程

VR 项目开发流程总体分为 5 步：项目调研分析、3D 建模、设计交互、优化渲染、项目发布与维护。调研分析各个模块的功能，在具体开发中，虚拟场景中的模型和纹理贴图可能来源于真实场景，事先通过摄像采集材质纹理贴图和真实场景的平面模型，然后通过 PS、Maya 或 3ds Max 来处理纹理和构建真实场景的三维模型，然后导入 Unity 中并构建 VR 项目，在 Unity 中通过编写交互代码、优化渲染后发布项目。

（1）项目调研分析。项目经过初期的调研，对项目的需求进行了基本的了解，将项目拆解成不同的功能模块，后续对项目的各个功能模块进行分析，对细节进行逐步确认。

（2）3D 建模。在 VR 项目中看到的任何物品或者模型都是真实场景中实物的再现，这就是 VR 给人一种真实场景的感觉。建模工具有很多，现在用得比较多的是 Maya 和 3ds Max。在建模过程中还有一点最重要就是模型的优化，一个好的 VR 项目不仅要运行流畅、给人以逼真的感觉同时还要保证模型的大小，保证程序发布之后不会占用太大的内存。所以，3D 建模在 VR 项目中占有的比重非常大，决定着 VR 项目的成败。

（3）设计交互。通过 Unity 设计交互可以将用户与模型连接起来，友好的交互设计能够给用户带来好的体验感，从而提高项目成功的可能性。

（4）优化渲染。在 VR 项目中，交互是基本，渲染是关键，一个好的项目，除了运行流畅，场景渲染的好坏也是成败的关键。完美的场景能给用户带来完整真实的沉浸感，对于用户来说真实感越好，越容易得到用户的认可，才能做到真正的虚拟现实。

（5）项目发布与维护。VR 项目设计好后需要采用适当的方法发布出去，根据需求发布在不同的平台上面，后期还需要进行基本的维护，有些功能通过用户体验后需要进行调整。

4.1.3 任务实施

1. 新建项目

类似第 3 章创建第一个 VR 项目，打开 Unity Hub，新建一个"项目名称"为 "VRBowling" 的项目，如图 4-3 所示。

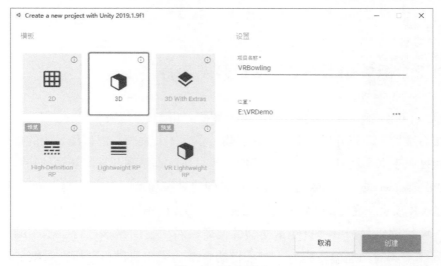

图 4-3 新建项目

2. 加载 SteamVR Plugin 和 VRTK 插件

在本书配套网站上下载 SteamVR Plugin 和 VRTK 插件后将其加载到项目中来，如图 4-4 所示。

3. 加载保龄球相关资源

在本书配套资源中找到 BowlingAssets.unitypackage，双击加载进项目，如图 4-5 和图 4-6 所示。

第 4 章　VR 保龄球项目开发

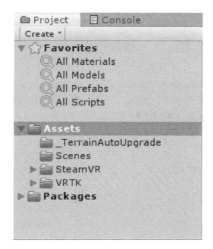

图 4-4　加载 SteamVR Plugin 和 VRTK 插件

图 4-5　加载保龄球相关资源

图 4-6　加载保龄球资源后的效果

111

4. 布局项目场景

（1）新建一个场景，并将其保存，具体步骤如图 4-7 ～图 4-10 所示。

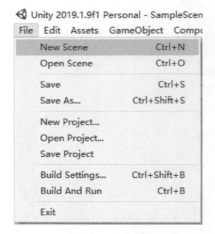

图 4-7　新建场景

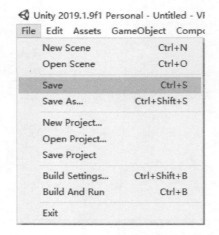

图 4-8　保存场景（1）

图 4-9　保存场景（2）

拓展：到网络搜集一些资源，将其加载到项目中来，用于后续增强保龄球游戏的趣味性。

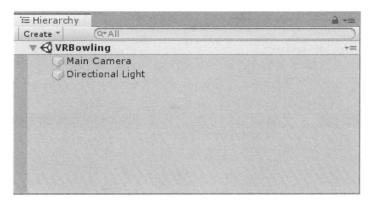

图 4-10　VRBowling 场景

4.1.4　任务小结

本任务完成了 VR 保龄球项目的环境搭建，导入了 SteamVR Plugin 插件、VRTK 插件和保龄球相关资源，方便后续进行项目开发。

4.2　学习任务：配置项目环境

4.2.1　任务分析

本学习任务需要在上一学习任务的基础上将整个 VR 环境配置好，主要完成 005_Controller_BasicObjectGrabbing 场景的资源加载到本项目中来。完成的效果，如图 4-11 所示。

本学习任务主要分 3 步，如表 4-2 所示。

表 4-2　学习任务步骤

步骤	内容	备注
第 1 步	导入 005_Controller_BasicObjectGrabbing 场景	从 VRTK 案例中导入
第 2 步	获取 005_Controller_BasicObjectGrabbing 场景资源	
第 3 步	整理项目场景	

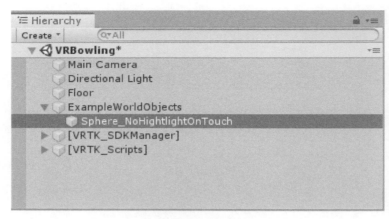

图 4-11 配置项目环境

4.2.2 相关知识：Unity 常用资源

打开 Unity Asset Store，会发现官方资源商店为我们提供了很多资源，分为 3D、2D、插件、音频、必备工具、模板、工具、VFX，资源又分为免费资源和收费资源两种，用户可以根据需要来选择。

我们常用的资源主要包括图片资源、模型资源、动画资源、音视频资源等。Unity 支持大多数图片文件类型，比如 BMP、TIF、TGA、JPG 和 PSD。由于 Unity 支持 FBX 的文件格式，用户可以从任何 3D 建模软件中导出 FBX 格式模型资源来使用。Unity 支持动画资源的导入，使得 Unity 开发的项目能够动起来。另外，可以直接导入音视频文件，音视频文件在 Unity 中可以直接使用，非常方便。

4.2.3 任务实施

1. 导入 005_Controller_BasicObjectGrabbing 场景

导入 005_Controller_BasicObjectGrabbing 场景，如图 4-12 和图 4-13 所示。

2. 获取 005_Controller_BasicObjectGrabbing 场景资源

选取需要的场景资源，将其拖到 VRBowling 场景中去，如图 4-14 和图 4-15 所示。将场景 "005_Controller_BasicObjectGrabbing" 移除，如图 4-16 所示。

3. 整理项目场景

将场景中不需要用到的模型删除，如图 4-17 和图 4-18 所示。

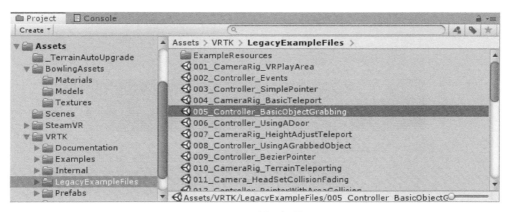

图 4-12 导入场景

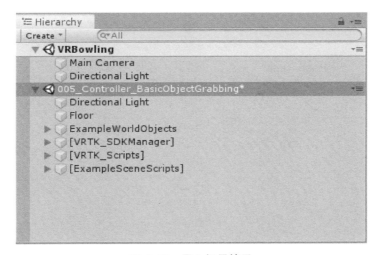

图 4-13 导入场景效果

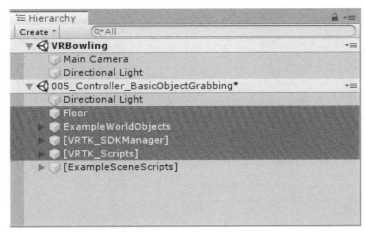

图 4-14 复制场景资源(1)

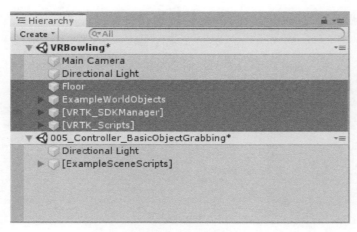

图 4-15 复制场景资源（2）

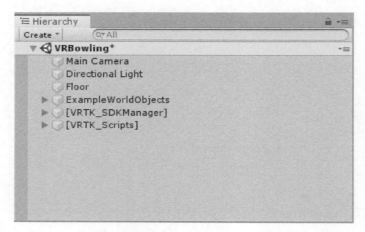

图 4-16 移除 005_Controller_BasicObjectGrabbing 场景

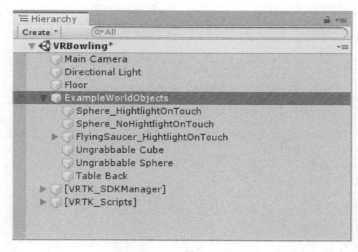

图 4-17 整理场景

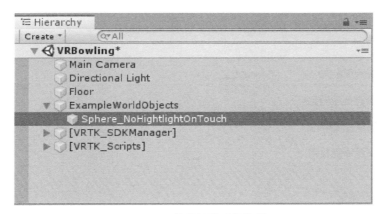

图 4-18　整理场景后的效果

拓展：试试从别的 VRTK 案例中提取场景资源来开发本项目。

4.2.4　任务小结

本任务完成了项目环境整理，带上头盔能够进到 VR 环境。

4.3　学习任务：项目开发

4.3.1　任务分析

本学习任务初步完成 VR 保龄球项目，实现带上头盔通过手柄能够打保龄球的效果。完成的效果，如图 4-19 所示。

本学习任务主要分 6 步，如表 4-3 所示。

表 4-3　学习任务步骤

步骤	内容	备注
第 1 步	设置赛道	
第 2 步	添加天空盒	

续表

步骤	内容	备注
第 3 步	设置保龄球	
第 4 步	设置赛道的碰撞	
第 5 步	设置保龄球瓶	
第 6 步	设置物理材质	

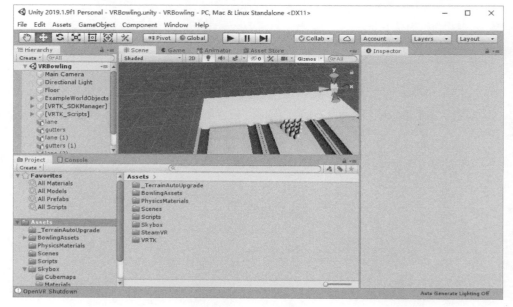

图 4-19　VR 保龄球

4.3.2　相关知识：碰撞体组件

碰撞体组件是物理组件的一类，碰撞体的形状简单，如方块、球形或者胶囊形，在 Unity 3D 中每当一个游戏对象被创建时，它会自动分配一个合适的碰撞器。例如，一个立方体会得到一个 Box Collider（盒碰撞体），一个球体会得到一个 Sphere Collider（球形碰撞体）等。碰撞体组件与刚体一起促使碰撞发生，在物理模拟中，没有碰撞体的刚体会彼此相互穿过。

下面主要介绍 3D 物理组件中碰撞体组件的添加与设置。

选择一个游戏对象，然后依次选择菜单栏中的"Component"→"Physics"命令，然后选择需求的碰撞体类型即可，如图4-20所示。

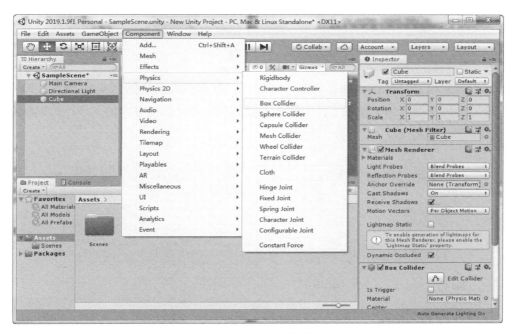

图 4-20　各种碰撞体

1. Box Collider（盒碰撞体）

盒碰撞体是一个立方体外形的基本碰撞体，该碰撞体可以调整为不同大小的长方体，适合做墙、柜子、按钮等碰撞体。其属性面板，如图4-21所示。

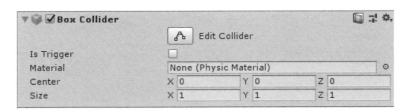

图 4-21　Box Collider

（1）Edit Collider：编辑碰撞体。单击 ⌨ 按钮即可在"Scene"视图中编辑碰撞体的大小。

（2）Is Trigger：触发器。选中该选项，则碰撞体可用于触发事件，同时忽略物理碰撞。

(3) Material：材质。采用不同的物理材质类型决定了碰撞体与其他对象的交互形式。

(4) Center：中心。碰撞体在对象局部坐标系中的位置。

(5) Size：大小。碰撞体在 X、Y、Z 方向上的大小。

2. Sphere Collider（球形碰撞体）

球形碰撞体是一个基本球体的基本碰撞体，其属性面板，如图 4-22 所示。球形碰撞体的三维大小可以均匀地调节，但不能单独调节某个坐标轴方向的大小。球形碰撞体适用于球形的游戏对象。

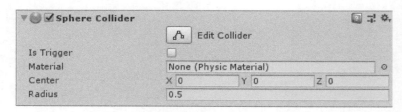

图 4-22　Sphere Collider

在图 4-22 中，Edit Collider、Is Trigger、Material、Center 可参见 Box Collider（盒碰撞体）中的说明，下面介绍下 Radius：半径，用于设置球形碰撞体的半径大小。

3. Capsule Collider（胶囊碰撞体）

胶囊碰撞体由一个圆柱体和与其相连的两个半球体组成，是一个胶囊形状的基本碰撞体。其属性面板，如图 4-23 所示。胶囊碰撞体的半径和高度都可以单独调节。

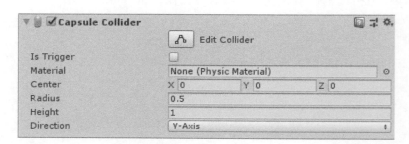

图 4-23　Capsule Collider

在图 4-23 中，Edit Collider、Is Trigger、Material、Center 可参见 Box Collider（盒碰撞体）中的说明，下面介绍不同的参数。

(1) Radius：半径。设置胶囊碰撞体半圆的半径大小。

(2) Height：高度。设置用于控制碰撞体中圆柱体的高度。

（3）Direction：方向。在对象的局部坐标中胶囊的纵向方向所对应的坐标轴，默认是 Y 轴。

4. Mesh Collider（网格碰撞体）

网格碰撞体通过获取网格对象并在其基础上构建碰撞体。只有开启 Convex 参数的网格碰撞体才可以与其他网格碰撞体发生碰撞，其属性面板，如图 4-24 所示。

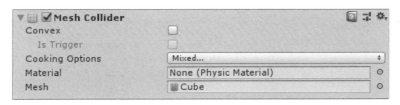

图 4-24　Mesh Collider

（1）Convex：凸起。若开启该选项，则网格碰撞体将会与其他的网格碰撞体发生碰撞。

（2）Is Trigger：触发器。选中该选项，则碰撞体可用于触发事件，同时忽略物理碰撞，只有在选中"Convex"的状态下使用。

（3）Material：材质。采用不同的物理材质类型决定了碰撞体与其他对象的交互形式。

（4）Mesh：网格。获取游戏对象的网格并将其作为碰撞体。

5. Wheel Collider（车轮碰撞体）

车轮碰撞体是一种针对地面车辆的特殊碰撞体。它有内置的碰撞检测、车轮物理系统及有滑胎摩擦的参考体。除了能应用于车轮，还能应用于其他游戏对象。其属性面板，如图 4-25 所示。

（1）Mass：质量。设置车轮碰撞体的质量。

（2）Radius：半径。设置车轮碰撞体的半径。

（3）Wheel Damping Rate：车轮的阻尼值。

（4）Suspension Distance：悬挂距离。

（5）Force App Point Distance：力应用点的距离。

（6）Center：中心坐标。

（7）Suspension Spring：悬挂弹簧。其中 Spring 用于设置弹簧，Damper 用于设置阻尼器，Target Position 用于设置目标位置。

（8）Forward Friction：向前摩擦力。当轮胎向前滚动时的摩擦力属性。其中

Extremum Slip 用于设置滑动极值，Extremum Value 用于设置极限值，Asymptote Slip 用于设置滑动渐近值，Asymptote Value 用于设置渐近值，Stiffness 用于设置刚性因子。

（9）Sideways Friction：侧向摩擦力。当轮胎侧向滚动时的摩擦力属性。其中 Extremum Slip 用于设置滑动极值，Extremum Value 用于设置极限值，Asymptote Slip 用于设置滑动渐近值，Asymptote Value 用于设置渐近值，Stiffness 用于设置刚性因子。

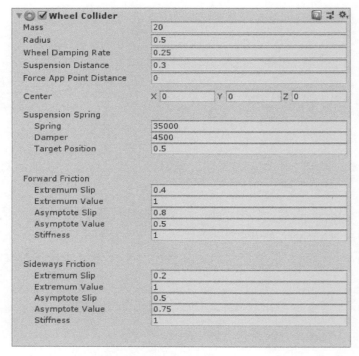

图 4-25　Wheel Collider

6. Terrain Collider（地形碰撞体）

地形碰撞体是基于地形构建的碰撞体。该碰撞体属性面板，如图 4-26 所示。

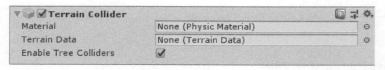

图 4-26　Terrain Collider

（1）Material：材质。采用不同的物理材质类型决定了碰撞体与其他对象的交互形式。

（2）Terrain Data：地形数据。采用不同的地形数据决定了地形的外观，单击右侧的圆圈按钮可弹出地形数据选择对话框，可为碰撞体选择一个地形数据。

（3）Enable Tree Colliders：开启树的碰撞体。

4.3.3 任务实施

1. 设置赛道

（1）条件赛道模型。将地板和轨道的模型放置到项目中来，如图4-27、图4-28所示。

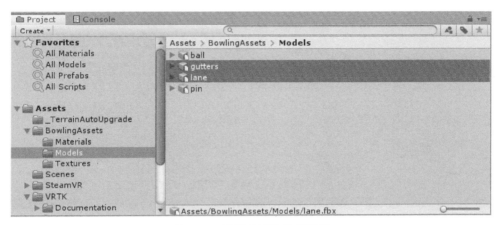

图 4-27　选择轨道和地板模型

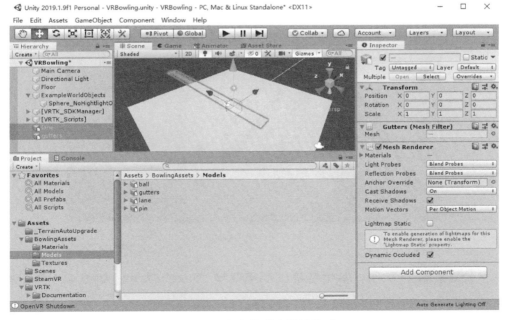

图 4-28　添加轨道和地板模型

（2）调整位置。调整赛道位置，将其放在场景当中，如图 4-29 所示。

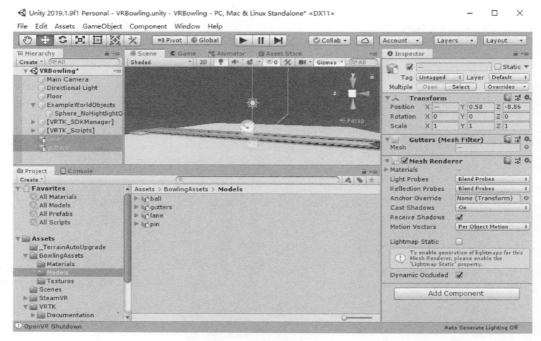

图 4-29 调整赛道位置

（3）复制赛道。复制两个赛道，如图 4-30 所示。

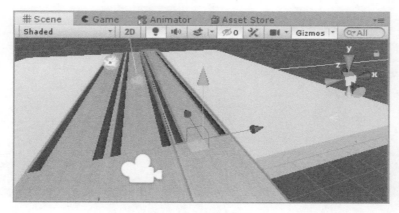

图 4-30 复制赛道

（4）调整 Floor 大小。参考赛道大小来调整"Floor"大小，如图 4-31 和图 4-32 所示。

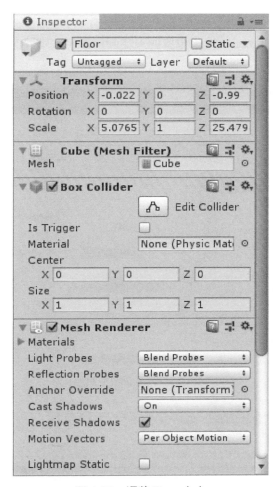

图 4-31 调整 Floor 大小

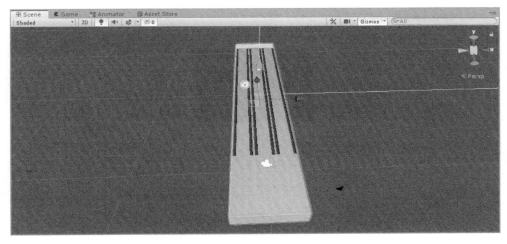

图 4-32 Floor 调整后的效果图

2. 添加天空盒

（1）从 Unity Asset Store 中搜索免费的天空盒资源，如图 4-33 所示。

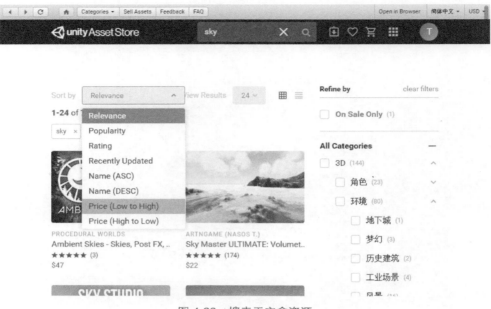

图 4-33 搜索天空盒资源

（2）选择免费的天空盒资源，如图 4-34 所示。

图 4-34 选择免费天空盒资源

（3）导入天空盒资源，如图 4-35 和图 4-36 所示。

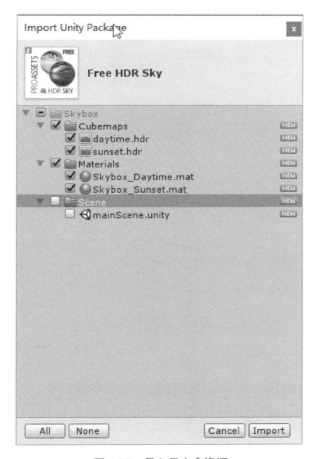

图 4-35　导入天空盒资源

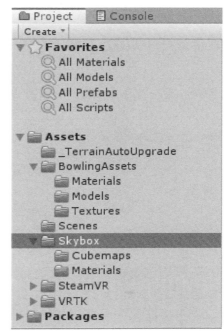

图 4-36　导入天空盒资源后的项目结构图

（4）设置天空盒。在菜单栏中依次选择"Window"→"Rendering"→"Lighting Settings"，将"Skybox_Daytime"加载进来，如图 4-37 所示。

3．设置保龄球

将保龄球颜色和材质修改为黑色材质，并修改其位置，如图 4-38 ～图 4-40 所示。

4．设置赛道的碰撞

（1）给一条赛道添加碰撞体，如图 4-31 所示，添加 Box Collider 组件。

（2）将其他赛道也设置碰撞体。

5．设置保龄球瓶

（1）添加保龄球瓶，如图 4-42 所示。

127

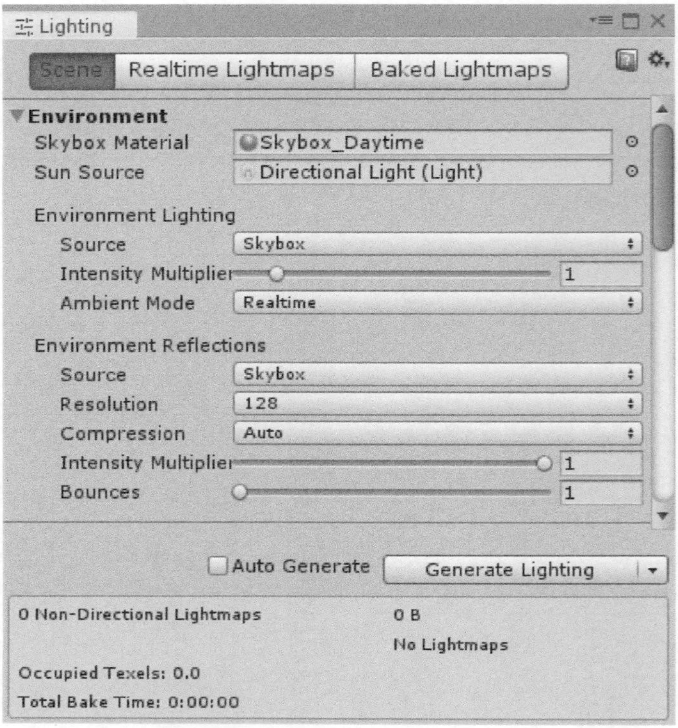

图 4-37 设置天空盒

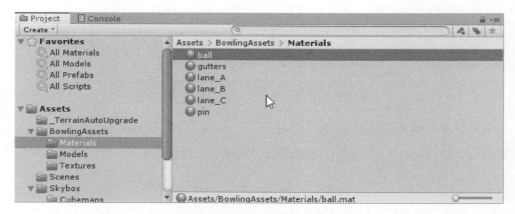

图 4-38 设置保龄球颜色

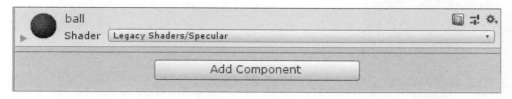

图 4-39 设置保龄球材质

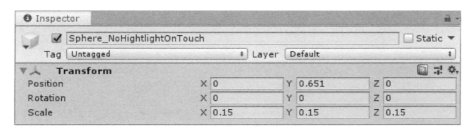

图 4-40　调整保龄球位置

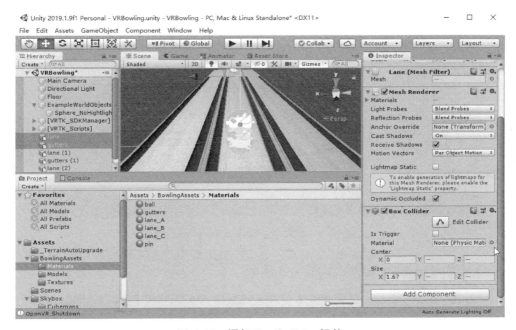

图 4-41　添加 BoxCollider 组件

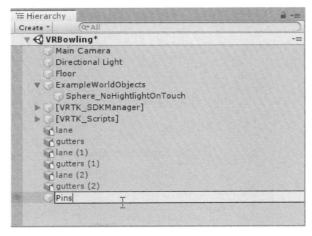

图 4-42　添加保龄球瓶

（2）调整保龄球瓶的位置，如图 4-43 和图 4-44 所示。

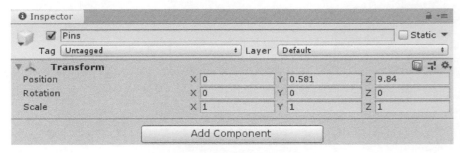

图 4-43　调整保龄球位置

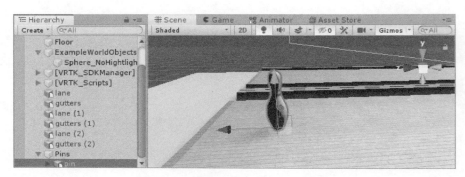

图 4-44　调整保龄球位置后的效果图

（3）添加 Rigidbody 组件，如图 4-45 所示。

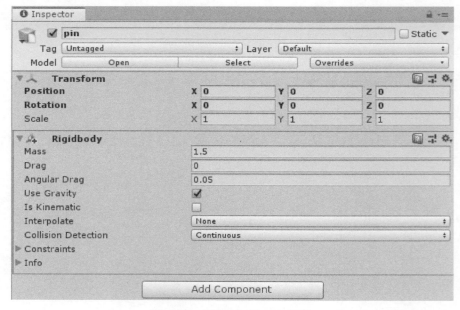

图 4-45　添加 Rigidbody 组件

（4）添加 MeshCollider，如图 4-46 所示。

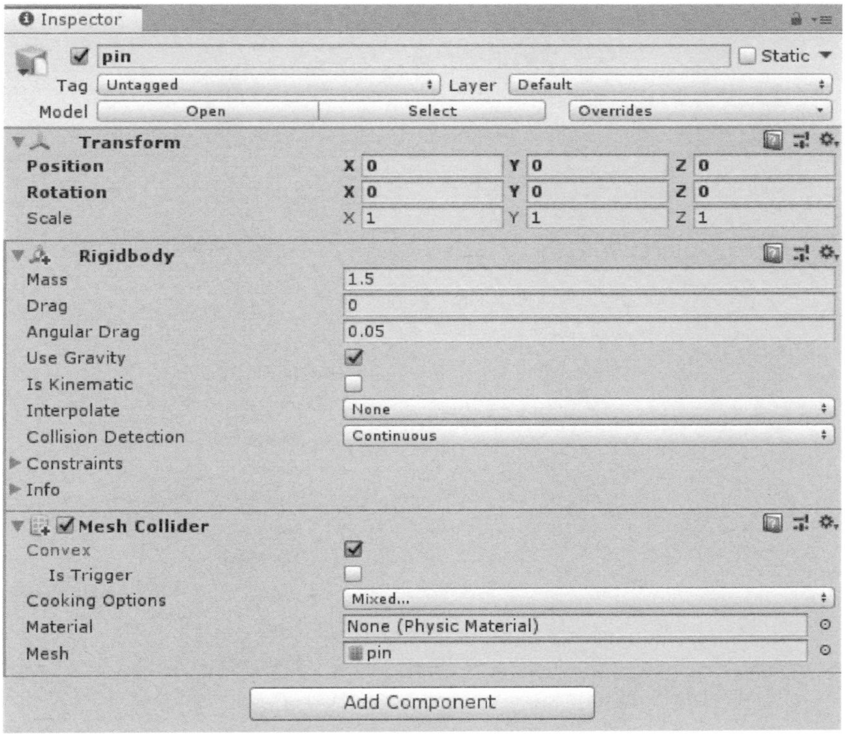

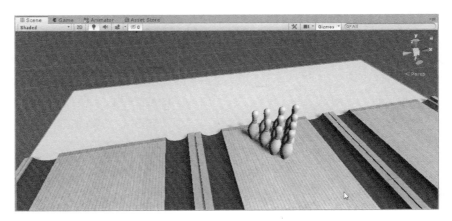

图 4-46　添加 MeshCollider

（5）复制 9 个保龄球瓶，按照保龄球瓶的摆放方式进行摆放，如图 4-47 所示。

图 4-47　摆放保龄球瓶

6. 设置物理材质

（1）给保龄球添加物理材质，具体步骤如图 4-48～图 4-52 所示。

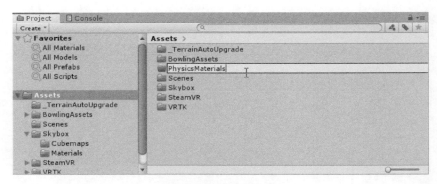

图 4-48　新建文件夹

图 4-49　添加物理材质（1）

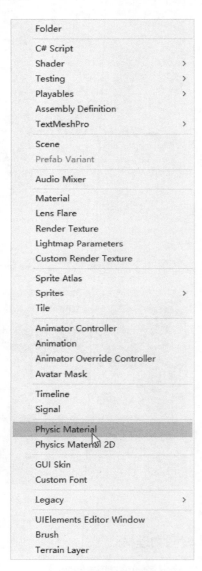

图 4-50　添加物理材质（2）

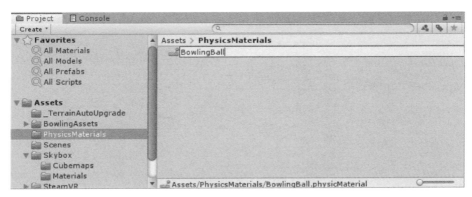

图 4-51　给保龄球添加物理材质

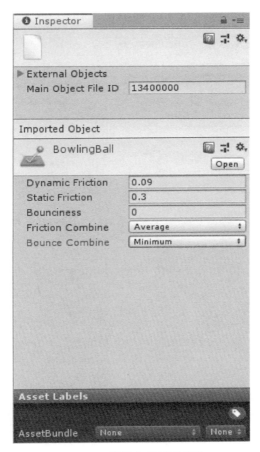

图 4-52　设置物理材质参数

（2）采用同样的方法，分别创建保龄球瓶和赛道的物理材质，如图 4-53 所示。

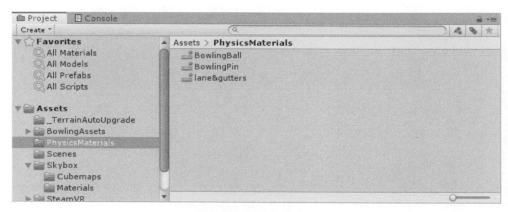

图 4-53 创建物理材质

（3）设置保龄球瓶的物理材质参数，如图 4-54 所示。

（4）设置赛道物理材质参数，如图 4-55 所示。

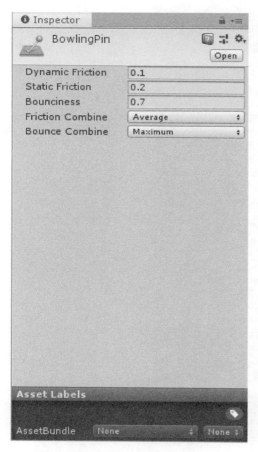

图 4-54 设置保龄球瓶物理材质参数

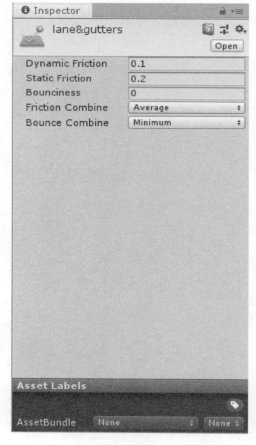

图 4-55 设置赛道物理材质参数

（5）加载物理材质。分别为保龄球、保龄球瓶和赛道加载物理材质，如图 4-56 ～ 图 4-58 所示。

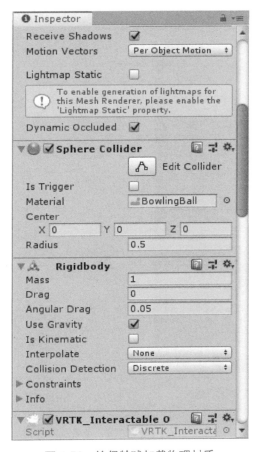

图 4-56　给保龄球加载物理材质

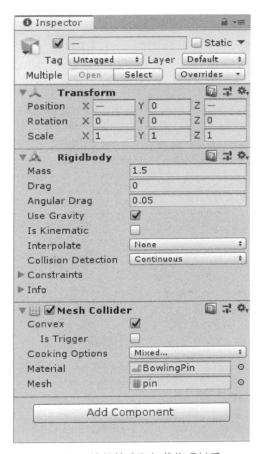

图 4-57　给保龄球瓶加载物理材质

拓展：从网络中下载一个保龄球模型，将项目中保龄球换成下载的保龄球模型。

4.3.4　任务小结

本任务完成了 VR 保龄球项目的基本设计，主要是添加资源与修改资源参数。

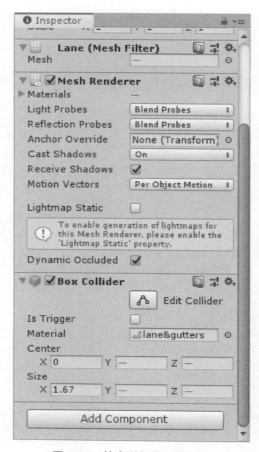

图 4-58 给赛道加载物理材质

4.4 学习任务：项目优化

4.4.1 任务分析

本学习任务需要在上一学习任务的基础上通过编程对项目进行优化，例如，保龄球重置等功能。优化后的效果，如图 4-59 所示。

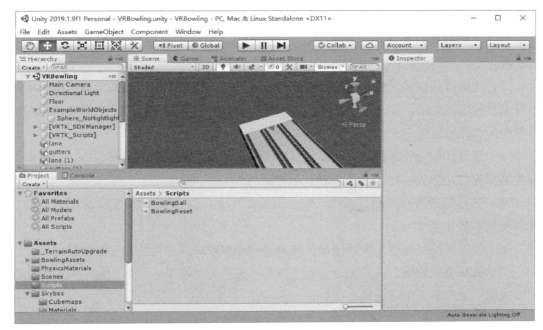

图 4-59　项目优化

本学习任务主要分 2 步，如表 4-4 所示。

表 4-4　学习任务步骤

步骤	内容	备注
第 1 步	保龄球掉下去自动重置	
第 2 步	扣动扳机进行保龄球重置	两种情况的重置

4.4.2　相关知识：VR 项目优化

VR 项目的优化和普通 Unity 游戏的优化差不多，对 VR 项目来说通过特别的技巧，在实现相同的表现效果、流畅度的前提下对硬件机能的需求更低、更平民化，或者在相同性能的平台上，实现更好的画面表现效果、流畅度。

对于 VR 项目的优化有以下 10 点建议：

（1）尽量使用性能分析器来帮助分析。性能分析可以让你了解游戏中每帧渲染的时间开销，并通过处理器、渲染、内存、音频、物理和网络进行分项显示。执行性能测试时，了解性能分析器，找到需要优化的方面非常重要。

（2）尽量使用帧调试器来帮助调试程序。使用帧调试器可以让你冻结任意帧的反馈，进入每个单独的 Draw Call 以检查场景构建的过程，并找到那些需要优化的位置。从中可以找到那些对无须渲染对象进行的渲染操作，从而极大地帮助降低每帧的 Draw Call 数。

（3）几何体的设计。移去 VR 场景中永不可见的几何体表面，不要为不可见的东西浪费宝贵的渲染资源。如：靠墙放置的衣柜等几何体的背面是不可见的，那么就无须在模型中为其建立几何表面。

（4）尽可能简化几何网格。根据目标发布平台采取增加纹理以提高细节，可以使用视差贴图或曲面细分的技术。

（5）尽量减少遮挡绘制。遮挡绘制会浪费 GPU 时间。优化时应尽最大可能地减少遮挡绘制的数量。

（6）尽可能削减动态光照而使用烘焙以得到光照效果，避免使用实时阴影。

（7）实现遮挡剔除。遮挡剔除关闭了对不可见物体的渲染。例如，房门关闭无法看到室内情形时根本无须渲染另一间屋子。

（8）抗锯齿能够平滑图像并减少其上的锯齿边缘，应尽量依赖抗锯齿技术。

（9）项目中大量使用纹理图集，并减少单个纹理和材质的使用。

（10）实现异步加载，将游戏分解到不同的场景中来提高游戏性能。

4.4.3 任务实施

1. 保龄球掉下去自动重置

（1）创建脚本。创建过程如图 4-60 和图 4-61 所示。

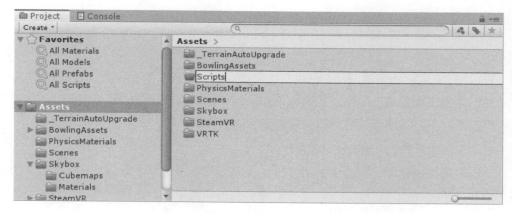

图 4-60　新建文件夹

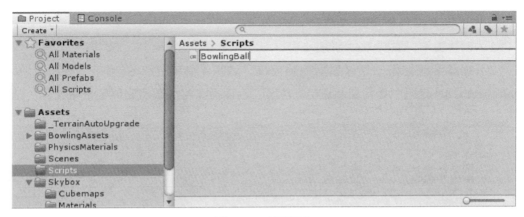

图 4-61　创建脚本

（2）编写脚本。

```csharp
using System.Collections;
using System.Collections.Generic;
using UnityEngine;

public class BowlingBall : MonoBehaviour
{
    private Vector3 StartPosition;// 定义初始位置
    // 初始化
    void Start()
    {
        StartPosition = transform.position;
}

    void Update()
    {
        if (transform.position.y < -0.1f)// 判断保龄球是否掉下去了
        {
            transform.position = StartPosition;
            GetComponent<Rigidbody>().velocity = Vector3.zero;// 速度设置为 0
            GetComponent<Rigidbody>().angularVelocity = Vector3.zero;// 角速度设置为 0
        }
    }
}
```

2. 扣动扳机进行保龄球重置

（1）创建脚本，如图 4-62 所示。

（2）加载案例场景，学习如何控制扳机，如图 4-63 和图 4-64 所示，查看 VRTK_ControllerEvents 代码中如何控制扳机。注意：后面需要将加载的案例场景移除。

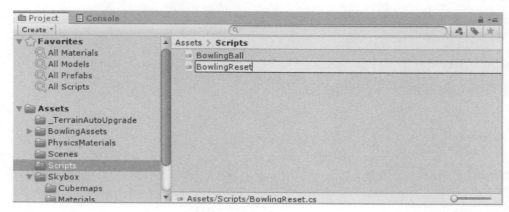

图 4-62　创建脚本

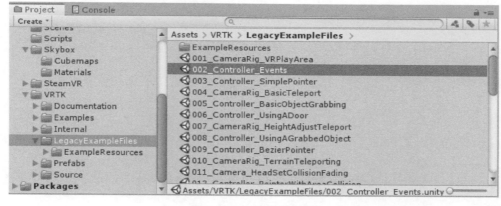

图 4-63　加载案例场景

（3）编写脚本。

```
using System.Collections;
using System.Collections.Generic;
using UnityEngine;
using VRTK;

public class BowlingReset : MonoBehaviour
{
```

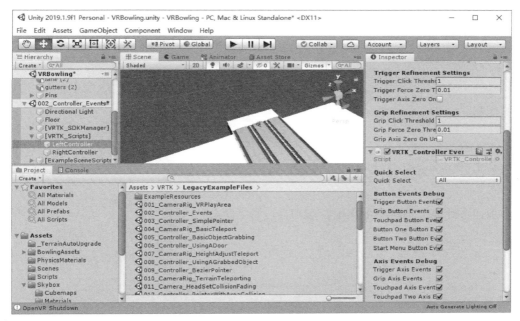

图 4-64　查看扳机控制代码

```
private Vector3 StartPosition;// 定义初始位置
private VRTK_ControllerEvents controllerEvents;
public GameObject Bowling;
// 初始化
void Start()
{
    StartPosition = transform.position;

}
private void OnEnable()
{
    controllerEvents = GetComponent<VRTK_ControllerEvents>();
    controllerEvents.TriggerClicked += DoTriggerClicked;

}
// 扣动扳机
    private void DoTriggerClicked(object sender, 
ControllerInteractionEventArgs e)
    {
        Bowling.transform.position= StartPosition;  // 设置为起始位置
        Bowling.GetComponent<Rigidbody>().velocity = Vector3.zero;// 速度设置为 0
```

```
            Bowling.GetComponent<Rigidbody>().angularVelocity = Vector3.
zero;// 角速度设置为 0
    }
}
```

拓展：完成保龄球瓶的重置。

4.4.4　任务小结

本任务完成了保龄球的重置，对项目进行了优化。

本章通过完成 4 个学习任务，读者能够独立完成 VR 保龄球项目的开发，为今后的学习打下良好的基础。

1. 如何搭建一个 VR 项目的基础环境？
2. 项目资源主要有哪些？
3. 有哪些碰撞类型？请列举每种碰撞类型的应用情况。
4. 简述如何优化项目。

第 5 章
VR 蜘蛛来袭项目开发

知识目标
- 掌握 VR 项目开发技巧
- 掌握场景资源所包括的要素
- 掌握射线相关知识
- 掌握扳机的使用技巧

能力目标
- 能够熟练搭建 VR 项目场景
- 能够根据需求开发相应的功能

学习任务
- 学习任务：搭建项目运行环境
- 学习任务：蜘蛛来袭
- 学习任务：控制蜘蛛的行为
- 学习任务：玩家消灭蜘蛛
- 学习任务：游戏重置
- 学习任务：项目打包运行

本章介绍的项目是 VR 蜘蛛来袭项目,玩家在游戏中通过手枪来击杀蜘蛛。通过完成 6 个学习任务,制作的 VR 项目能基本运行起来,但整个项目需要完善的地方有很多,在拓展任务中列了出来,让读者来独立完成,以提高读者的动手能力。通过完成 6 个学习任务,制作的 VR 项目功能逐步完善。

完成本章 6 个学习任务后的 VR 项目效果图,如图 5-1 所示。

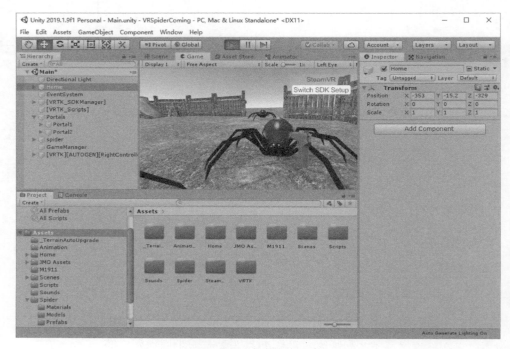

图 5-1　VR 蜘蛛来袭项目

5.1　学习任务:搭建项目运行环境

5.1.1　任务分析

本学习任务需要搭建整个项目运行环境,包括项目用到的资源,如蜘蛛模型资源、场景环境资源等。完成后的效果,如图 5-2 所示。

第 5 章　VR 蜘蛛来袭项目开发

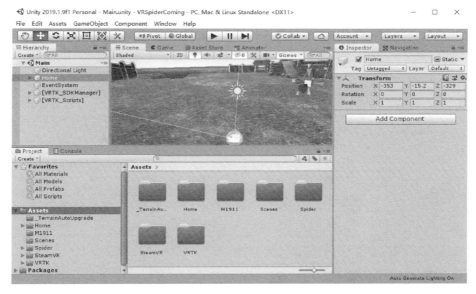

图 5-2　项目场景

本学习任务主要分 6 步，如表 5-1 所示。

表 5-1　学习任务步骤

步骤	内容	备注
第 1 步	新建项目	
第 2 步	导入 SteamVR.Plugin 和 VRTK 插件	
第 3 步	导入场景资源	场景包括的围栏、石头等
第 4 步	导入蜘蛛资源	蜘蛛模型等
第 5 步	导入武器资源	武器模型等
第 6 步	配置项目环境	

5.1.2　相关知识：获取资源的方式

使用 Unity 开发 VR 项目，资源是非常重要的，获取资源的方式有很多，主要有以下几种：

（1）直接从 Unity Asset Store 中下载资源。

（2）直接导入自己已有的资源。

（3）从网络上获取相关资源，如从 3D 溜溜网购买资源。

5.1.3 任务实施

1. 新建项目

打开 Unity 来新建项目，如图 5-3 所示，项目名称设为：VRSpiderComing。

图 5-3 新建项目

2. 导入 SteamVR.Plugin 和 VRTK 插件

从课程资源中将两个资源导入，也可以从网络上找到这两个插件再导入，导入时要注意版本的冲突问题。本次导入的 SteamVR.Plugin 插件版本为 V1.2.3，VRTK 插件版本为 V3.3，如图 5-4 所示。

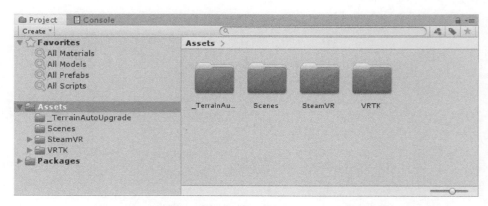

图 5-4 导入 SteamVR.Plugin 和 VRTK 插件

3. 导入场景资源

从课程第 5 章资源中将场景资源 <Home.unitypackage 导入，如图 5-5 所示。

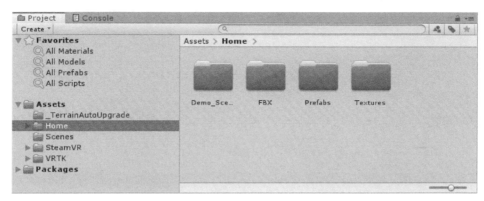

图 5-5　导入场景资源

4. 导入蜘蛛资源

从课程第 5 章资源中将蜘蛛资源 <Spider.unitypackage 导入，如图 5-6 所示。

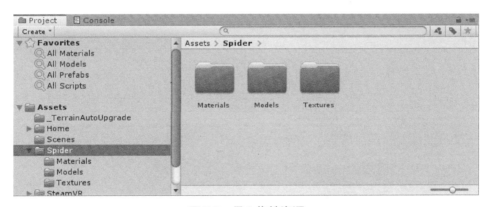

图 5-6　导入蜘蛛资源

5. 导入武器资源

从课程第 5 章资源中将武器资源 <M1911.unitypackage 导入，如图 5-7 所示。

6. 配置项目环境

（1）在 Assets 中打开"Scenes"，选择"Main"场景，如图 5-8 所示。

（2）双击"Main"场景，将其加载，如图 5-9 所示。

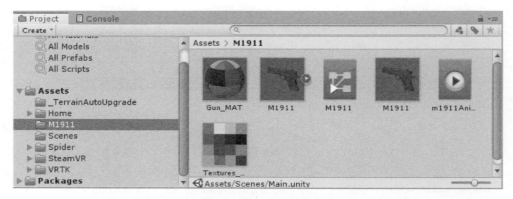

图 5-7 导入武器资源

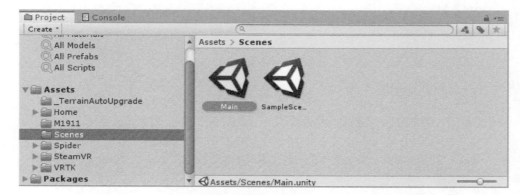

图 5-8 "Main"场景

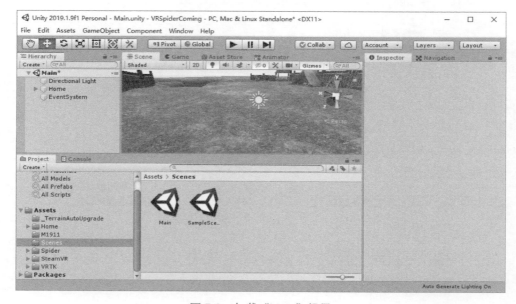

图 5-9 加载"Main"场景

（3）为了能够搭建 VR 运行环境，直接借助 VRTK 插件案例，直接使用案例中的环境。在 VRTK 中，将 003_Controller_SimplePointer 案例也加载进来，如图 5-10 所示。

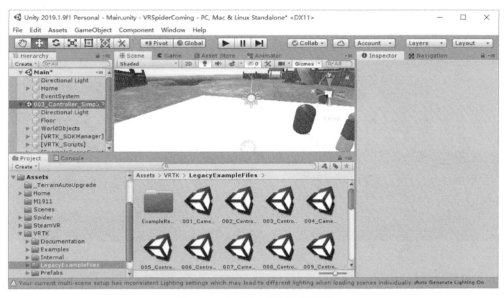

图 5-10　加载 VRTK 案例场景

（4）直接将 [VRTK_SDKManager] 和 [VRTK_Scripts] 拖到 Main 场景中，如图 5-11 所示。

（5）将 003_Controller_SimplePointer 场景移除，如图 5-12 所示。

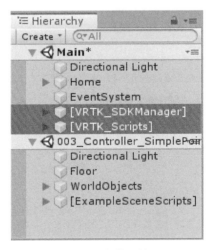 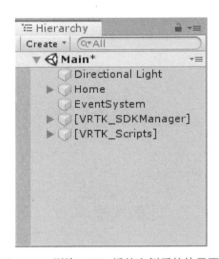

图 5-11　加载环境　　　　　　图 5-12　删除 VRTK 插件案例后的效果图

7. 运行场景

运行场景效果，如图 5-13 所示。

图 5-13　运行场景

拓展：应用 VRTK 插件其他案例来搭建环境。

5.1.4　任务小结

本任务完成了 VR 项目运行环境的搭建。通过完成学习任务，使读者掌握一个基本的 VR 项目运行环境所包括的元素，并能够正确搭建 VR 项目运行环境。

5.2　学习任务：蜘蛛来袭

5.2.1　任务分析

本学习任务需要在上一学习任务的基础上实现产生蜘蛛的功能。效果如图 5-14 所示。

第 5 章 VR 蜘蛛来袭项目开发

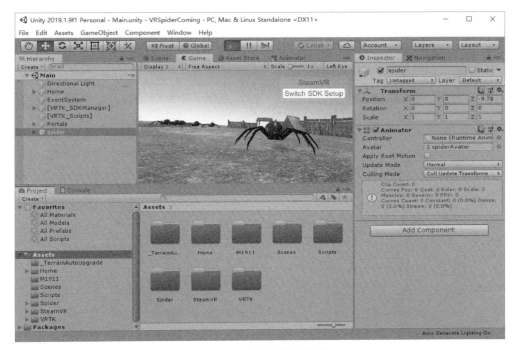

图 5-14 产生蜘蛛的效果

本学习任务主要分 2 步，如表 5-2 所示。

表 5-2 学习任务步骤

步骤	内容	备注
第 1 步	设置蜘蛛传送门	
第 2 步	创建蜘蛛	

5.2.2 相关知识：寻路系统

NavMesh（导航网格）是 3D 游戏世界中用于实现动态物体自动寻路的一种技术，将游戏中复杂的结构组织关系简化为带有一定信息的网格，在这些网格的基础上通过一系列的计算来实现自动寻路。

Unity 编辑器集成了导航网格寻路系统，并提供了方便的用户操作界面，该系统可以根据用户所编辑的场景内容，自动生成用于导航的网格。在实际操作导航时，只需要给导航物体挂载导航组件，导航物体便会自行根据目标点来寻找符合条件的路线，并沿着该路线行进到目标点。

5.2.3 任务实施

1. 设置蜘蛛传送门

（1）创建空的物体，并命名为 Portals，用于放置多个蜘蛛传送门，如图 5-15 所示。

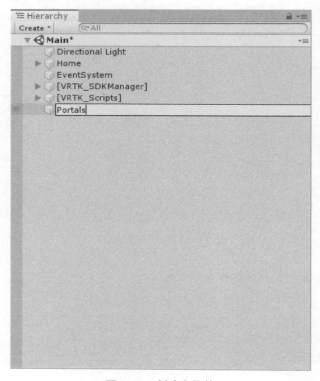

图 5-15 创建空物体

（2）在"Stone_1G"的下面创建空的物体，并命名为 Portal1，用于直接定位一个蜘蛛传送门，如图 5-16 所示。

（3）在"Stone_1B"的下面创建空的物体，并命名为 Portal2，用于直接定位一个蜘蛛传送门，如图 5-17 所示。

（4）将刚才创建的两个传送门拖到"Portals"的下面，便于管理，如图 5-18 所示。

2. 创建蜘蛛

（1）创建空的文件夹，并在里面创建一个名为 CreatSpider 的脚本文件，如图 5-19 和图 5-20 所示。

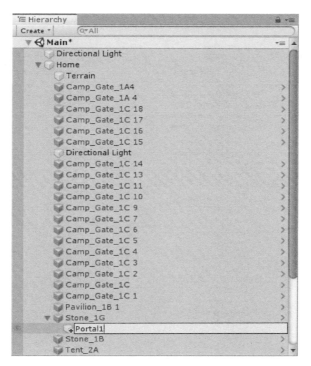

图 5-16　创建传送门

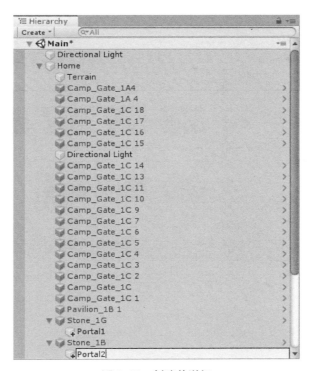

图 5-17　创建传送门

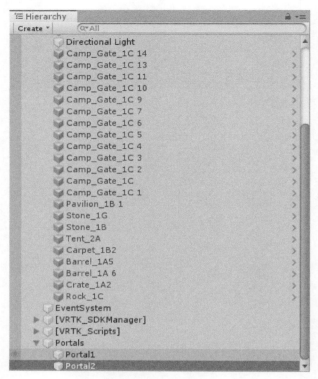

图 5-18 复制传送门

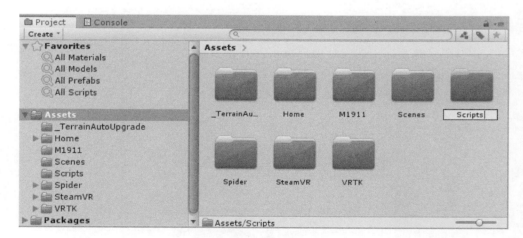

图 5-19 创建空文件夹

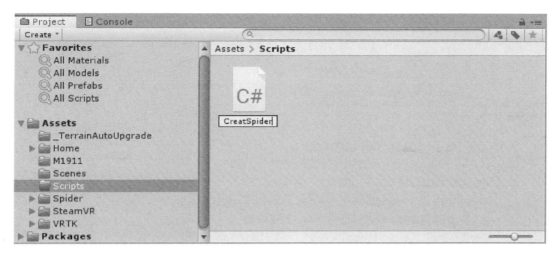

图 5-20 创建脚本

脚本代码如下：

```csharp
using System.Collections;
using System.Collections.Generic;
using UnityEngine;

public class CreatSpider : MonoBehaviour
{
    //产生蜘蛛后，蜘蛛的爬行目标位置
    public Transform TargetPosition;
    //产生蜘蛛的预制体
    public GameObject Spiders;
    //刷蜘蛛时间
    public float CreateTime = 15f;
    //当前刷蜘蛛剩余时间
    float CurrentTime;


    // Start is called before the first frame update
    void Start()
    {

    }

    // Update is called once per frame
    void Update()
    {
```

```
        CurrentTime -= Time.deltaTime;
        if (CurrentTime <= 0)
        {
            InstantiateSpider();
            CurrentTime = CreateTime;
        }
    }
    private void InstantiateSpider()
    {
        //生成蜘蛛
        GameObject NewSpider = Instantiate(Spiders);
        //将创造出的蜘蛛放在自己的下面，便于管理
        NewSpider.transform.parent = this.transform;
        //随机放置蜘蛛的位置
        NewSpider.transform.position = this.transform.position + new Vector3(Random.Range(-6f, 6f), 0, Random.Range(-3f, 3f));
    }
}
```

（2）将蜘蛛的模型放到场景中，如图 5-21 所示。

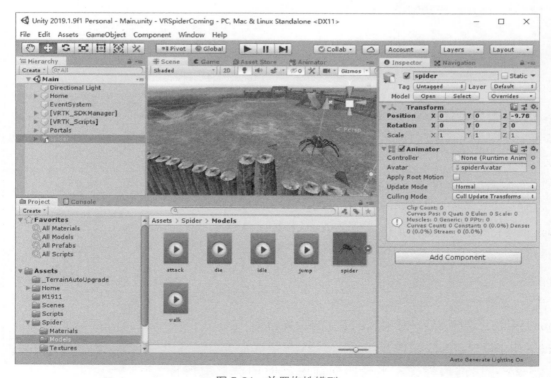

图 5-21　放置蜘蛛模型

（3）加载代码到传送门，两个传送门都需要加载代码，如图 5-22 所示。

选择 Portal1 传送门，设置其目标点为 [CameraRig]，如图 5-23 所示。同样对 Portal2 进行设置，保证两个传送门都能产生蜘蛛，如图 5-24 所示。最后的效果，如图 5-25 所示。

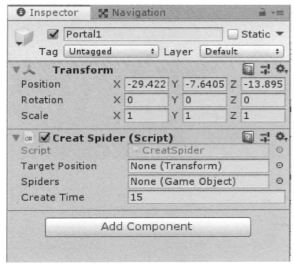

图 5-22　加载代码

图 5-23　选择传送门

图 5-24　设置参数

拓展：另外再添加一个传送点。

图 5-25 运行效果

5.2.4 任务小结

本任务完成了产生蜘蛛的功能,通过两个传送门分别产生蜘蛛。

5.3 学习任务:控制蜘蛛的行为

5.3.1 任务分析

本学习任务需要在上一学习任务的基础上实现蜘蛛爬向玩家并对玩家进行攻击的功能。效果如图 5-26 所示。

第 5 章 VR 蜘蛛来袭项目开发

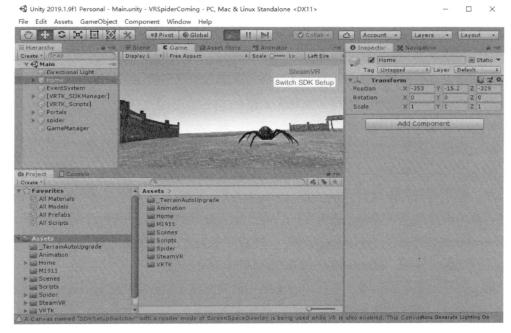

图 5-26 蜘蛛行为效果图

本学习任务主要分 5 步，如表 5-3 所示。

表 5-3 学习任务步骤

步骤	内容	备注
第 1 步	添加蜘蛛动画控制器	
第 2 步	添加脚本	
第 3 步	添加蜘蛛的自动寻路	
第 4 步	编写控制蜘蛛行为代码	
第 5 步	蜘蛛对玩家进行攻击	需要编辑动画

5.3.2 相关知识：动画系统

Mecanim 动画系统提供了 5 个主要功能：
（1）通过不同的逻辑连接方式控制不同的身体部位运动的能力。
（2）将动画之间的复杂交互作用可视化地表现出来，是一个可视化的编程工具。
（3）针对人形角色的简单工作流及动画的创建能力进行制作。

（4）具有能把动画从一个角色模型直接应用到另一个角色模型上的 Retargeting（动画重定向）功能。

（5）具有针对 Animation Clips 动画片段的简单工作流，针对动画片段及它们之间的过渡和交互过程的预览能力，从而使设计师在编写游戏逻辑代码前就可以预览动画效果，可以使设计师能更快、更独立地完成工作。

Mecanim 工作流主要包括以下三个阶段。

第一阶段：资源的准备和导入。这一阶段由美术师或者动画师利用第三方工具来完成，如 3ds Max 或者 Maya。

第二阶段：角色的建立。角色分为人形角色和一般角色。针对人形角色，Mecanim 通过扩展的图形操作界面和动画重定向功能，为人形模型提供了一种特殊的工作流，它包括 Avatar 的创建和对肌肉定义的调节；针对一般角色，它是为处理任意的运动物体和四足动物而设置的，动画重定向和 IK 功能对此不适用。

第三阶段：角色的运动。包括设置动画片段及其相互间的交互作用，也包括建立状态机和混合树、调整动画参数及通过代码控制动画等。

5.3.3 任务实施

1. 添加蜘蛛动画控制器

（1）新建一个文件夹 Animation，在该文件夹中创建一个名称为 SpiderAnimator 的动画控制器，如图 5-27 所示。

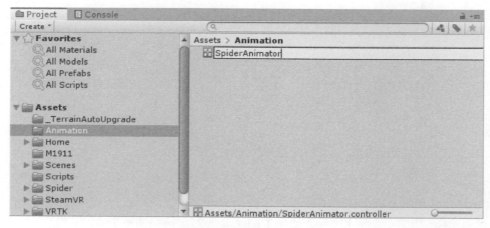

图 5-27　添加 Animator

（2）从蜘蛛的模型中选择 walk、attack 和 die 三个动画，将其添加到动画控制器面板中，如图 5-28 和图 5-29 所示。

图 5-28　选择蜘蛛的动画

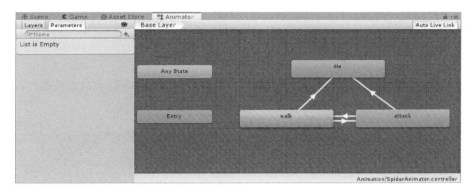

图 5-29　编辑蜘蛛的动画

（3）创建 walk、attack 和 die 三个 Bool 变量，用来控制动画的执行，如图 5-30、图 5-31 所示。

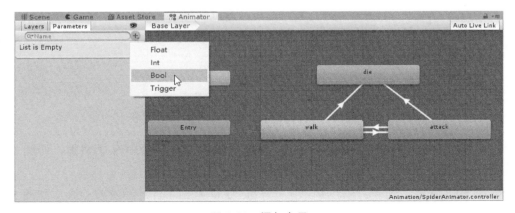

图 5-30　添加变量

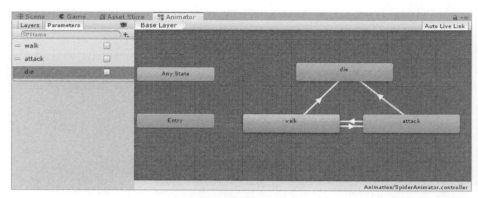

图 5-31　添加完效果图

（4）设置 walk 到 attack 的动画控制，当 attack 变量为 true 时将触发该动画，如图 5-32 所示。

（5）设置 attack 到 walk 的动画控制，当 walk 变量为 true 时将触发该动画，如图 5-33 所示。

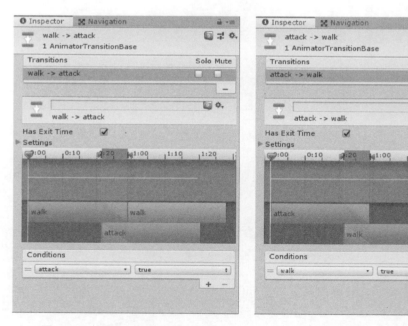

图 5-32　设置 walk 到 attack 动画　　　图 5-33　设置 attack 到 walk 动画

（6）设置 walk 到 die 的动画控制，当 die 变量为 true 时将触发该动画，如图 5-34 所示。

（7）设置 attack 到 die 的动画控制，当 die 变量为 true 时将触发该动画，如图 5-35 所示。

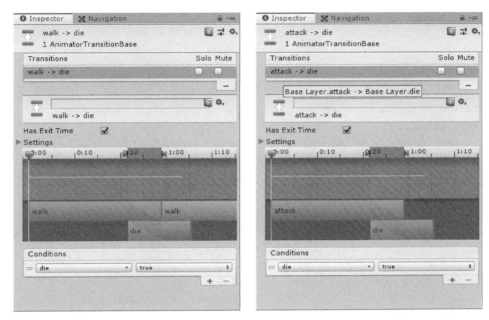

图 5-34　设置 walk 到 die 动画　　　　图 5-35　设置 attack 到 die 动画

（8）将制作好的动画控制器加载到 spider 的 Animator 组件上来，如图 5-36 所示。

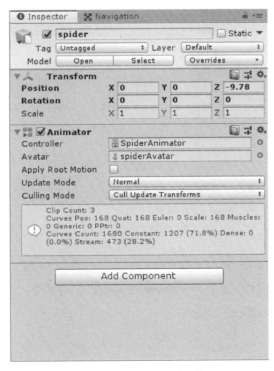

图 5-36　为蜘蛛添加动画效果

163

2. 添加脚本

（1）添加 SpiderController 脚本，用于控制蜘蛛的行为，如图 5-37 所示。

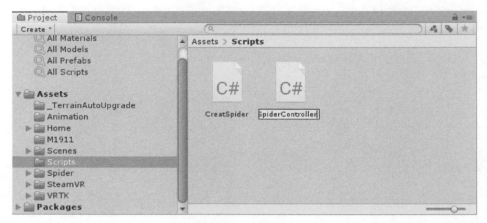

图 5-37　添加脚本

（2）创建 GameManager 脚本，用于总体控制项目的运行，包括设置一些公共变量等，如图 5-38 所示。

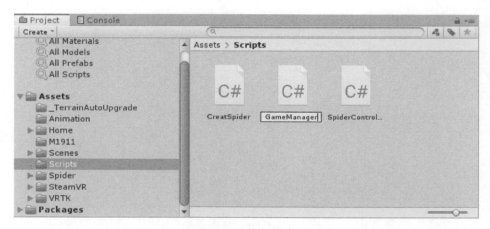

图 5-38　添加脚本

（3）将 SpiderController 脚本加载到 spider 上，如图 5-39 所示。

（4）创建一个空物体，命名为"GameManager"，将脚本"GameManager.cs"添加到该物体上，如图 5-40 所示。

第 5 章　VR 蜘蛛来袭项目开发

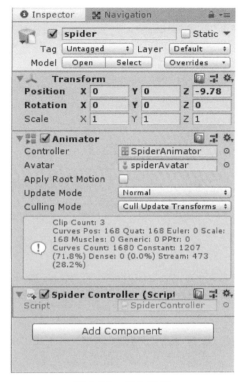

图 5-39　添加动画

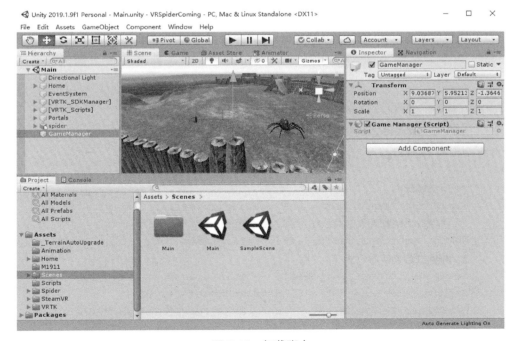

图 5-40　加载脚本

165

3. 添加蜘蛛的自动寻路

（1）编写控制脚本。

```
using System.Collections;
using System.Collections.Generic;
using UnityEngine;
using UnityEngine.AI;

public class SpiderController : MonoBehaviour
{
    public Transform TargetTransform;// 设置蜘蛛的移动目标
    NavMeshAgent navMeshAgent;// 导航组件
    // 初始化
    void Start()
    {
        navMeshAgent = GetComponent<NavMeshAgent>();
        navMeshAgent.SetDestination(TargetTransform.transform.position);
    }

    // Update is called once per frame
    void Update()
    {

    }
}
```

（2）设置蜘蛛自动寻路。如果 Navigation 面板没有，可以通过选择菜单"Window"→"AI"命令，在弹出的菜单中选择"Navigation"命令即可打开，如图 5-41 所示界面。

单击"Bake"按钮进行烘焙，如图 5-42 所示。

（3）修改 CreatSpider.cs 代码中的 InstantiateSpider() 方法。

```
private void InstantiateSpider()
    {
        //生成蜘蛛
        GameObject NewSpider = Instantiate(Spiders);
        //将创造出的蜘蛛放在自己的下面，便于管理
        NewSpider.transform.parent = this.transform;
        //随机放置蜘蛛的位置
        NewSpider.transform.position = this.transform.position + new Vector3(Random.Range(-6f, 6f), 0, Random.Range(-3f, 3f));
        NewSpider.GetComponent<SpiderController>().TargetTransform = TargetPosition;
    }
```

第 5 章　VR 蜘蛛来袭项目开发

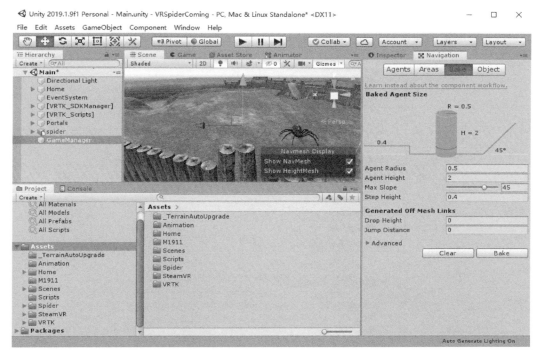

图 5-41　设置蜘蛛自动寻址

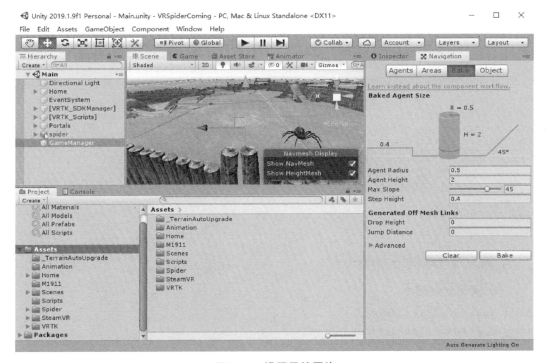

图 5-42　设置导航网格

（4）为蜘蛛添加导航组件，如图 5-43 所示。

（5）给蜘蛛添加目标位置，如图 5-44 所示。

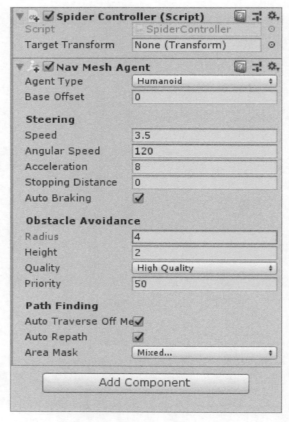

图 5-43　添加 NavMeshAgent

图 5-44　添加目标位置

4. 编写控制蜘蛛行为代码

（1）编写控制脚本。

```
using System.Collections;
using System.Collections.Generic;
using UnityEngine;
using UnityEngine.AI;
```

```csharp
public class SpiderController : MonoBehaviour
{
    public Transform TargetTransform;// 设置蜘蛛的移动目标
    NavMeshAgent navMeshAgent;// 导航组件
    Animator animator;// 定义蜘蛛的动画
    private int spiderHP = 2;// 蜘蛛的血量

    // 初始化
    void Start()
    {
        navMeshAgent = GetComponent<NavMeshAgent>();
        navMeshAgent.SetDestination(TargetTransform.transform.position);
        animator = GetComponent<Animator>();
    }

    void Update()
    {
        if (spiderHP <= 0)// 判断蜘蛛是否死亡，如果死亡就直接返回
        {
            return;
        }
        // 获取当前动画信息
        AnimatorStateInfo stateinfo = animator.GetCurrentAnimatorStateInfo(0);
        // 判断当前蜘蛛动画的状态是否为walk，走到一定距离后就开始攻击
        if (stateinfo.fullPathHash == Animator.StringToHash("Base Layer.walk") && !animator.IsInTransition(0))
        {
            // 玩家有移动时则重新检测
            if (Vector3.Distance(TargetTransform.transform.position, navMeshAgent.destination) > 1f)
            {
                navMeshAgent.SetDestination(TargetTransform.transform.position);
            }
            // 进入攻击距离则跳转到攻击动画，否则继续走
            if (navMeshAgent.remainingDistance < 5)
            {
                animator.SetBool("attack", true);   // 播放蜘蛛攻击动画
            }
            else
            {
```

```csharp
            animator.SetBool("walk", true);// 播放蜘蛛行走动画
        }
    }

    // 判断当前蜘蛛动画的状态是否为attack，到一定距离后就攻击，距离不够就行走
    if (stateinfo.fullPathHash == Animator.StringToHash("Base Layer.attack") && !animator.IsInTransition(0))
    {
        animator.SetBool("attack", false);
        if (Vector3.Distance(TargetTransform.transform.position, navMeshAgent.destination) > 1)
        {
            navMeshAgent.SetDestination(TargetTransform.transform.position);
        }
        if (navMeshAgent.remainingDistance < 5)
        {
            animator.SetBool("attack", true); // 播放蜘蛛攻击动画
        }
        else
        {
            animator.SetBool("walk", true);// 播放蜘蛛行走动画

        }
    }
}
// 被枪击中时调用
public void UnderAttack()
{
    spiderHP--;// 蜘蛛每次减血量为1
    if (spiderHP <= 0)// 判断蜘蛛是否没血了
    {
        animator.Play("die");// 播放蜘蛛死亡动画
        Destroy(GetComponent<Collider>());// 移除碰撞组件
        Destroy(GetComponent<NavMeshAgent>());// 移除导航网格
    }
    else
    {
        animator.Play("walk");// 播放蜘蛛行走动画
    }
}
// 蜘蛛攻击时调用
```

```
    public void Attack()
    {
        GameManager.Instance.UnderAttack();// 玩家受伤方法
    }
}
```

（2）GameManager.cs 代码。

```
using System.Collections;
using System.Collections.Generic;
using UnityEngine;
using UnityEngine.SceneManagement;

public class GameManager : MonoBehaviour
{
    public static GameManager Instance;
    public int CurrentHP = 100;// 设置玩家血量
    public GameObject Portals;// 设置蜘蛛出生点

    private void Awake()
    {
        Instance = this;
    }
    // 玩家受伤方法
    public void UnderAttack()
    {
        CurrentHP--;// 玩家减血
        if (CurrentHP <= 0)// 判断玩家是否已经没有血量
        {
            EndGame();
        }
    }
    // 游戏结束
    void EndGame()
    {
        Destroy(Portals);// 销毁出生点，不能再产生蜘蛛
    }
}
```

5. 蜘蛛对玩家进行攻击

选择蜘蛛模型，在"Window"菜单中选择"Animation"命令，添加 Attack 事件，

具体操作，如图 5-45 ～图 5-47 所示。

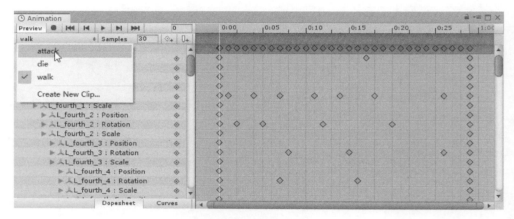

图 5-45　选择 attack

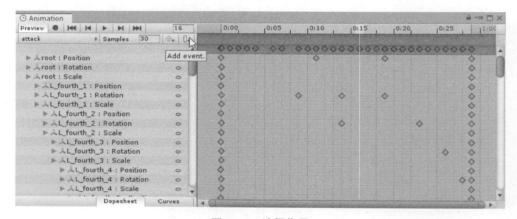

图 5-46　选择位置

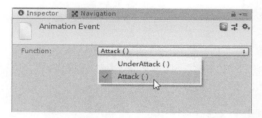

图 5-47　添加事件

拓展：通过编写代码，优化蜘蛛控制代码。

5.3.4 任务小结

本任务完成了对蜘蛛的控制，使得蜘蛛能够通过设置导航网格向玩家移动，并通过动画系统能够对玩家进行攻击。

5.4 学习任务：玩家消灭蜘蛛

5.4.1 任务分析

本学习任务需要在上一学习任务的基础上实现玩家开枪消灭蜘蛛的功能。效果如图 5-48 所示。

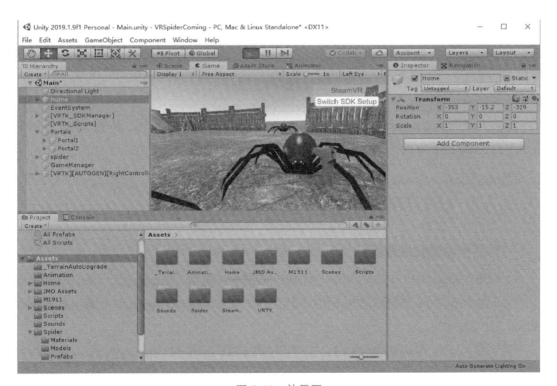

图 5-48　效果图

本学习任务主要分 8 步，如表 5-4 所示。

表 5-4　学习任务步骤

步骤	内容	备注
第 1 步	将手柄模型替换成手枪	
第 2 步	添加射击特效	
第 3 步	加载声音资源	
第 4 步	添加射击代码	
第 5 步	设置 Controller(right)	
第 6 步	设置蜘蛛层	
第 7 步	设置蜘蛛碰撞	
第 8 步	设置蜘蛛预制体	

5.4.2　相关知识：射线

射线是三维世界中一个点向一个方向发射的一条无终点的线，在发射轨迹中与其他物体发生碰撞时，它将停止发射。射线应用范围比较广，广泛应用于路径搜寻、AI 逻辑和命令判断中。例如，自动巡逻的敌人在视野前方发现玩家时会向玩家发起攻击，这时候就需要使用射线了。

Ray 射线类和 RaycastHit 射线投射信息类是射线中常用的两个工具类。Ray 类用来发射射线，RaycastHit 类用于存储发射射线后产生的碰撞信息。

5.4.3　任务实施

1. 将手柄模型替换成手枪

（1）将"Controller（right）"下的"Model"设置为未激活（Untagged），如图 5-49 所示。

（2）加载 M1911 预制体。将 M1911 预制体放在 Controller(right) 的下面，如图 5-50 所示。

（3）给 M1911 添加 Animator 组件，并添加动画控制器 M1911.controller，如图 5-51 所示。

第 5 章　VR 蜘蛛来袭项目开发

图 5-49　设置 Model

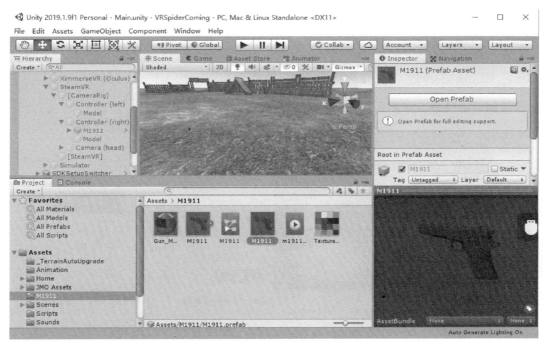

图 5-50　加载 M1911

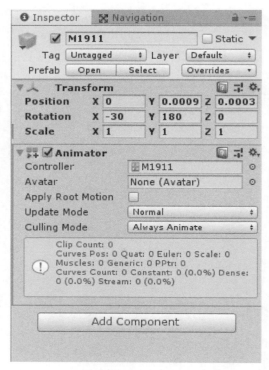

图 5-51 添加并设置 Animator 组件

2. 添加射击特效

添加射击特效，如图 5-52 所示。

图 5-52 添加射击特效

3. 加载声音资源

在第 5 章的课程资源中找到 Sounds.unitypackage，将声音文件加载进来，如图 5-53 所示。

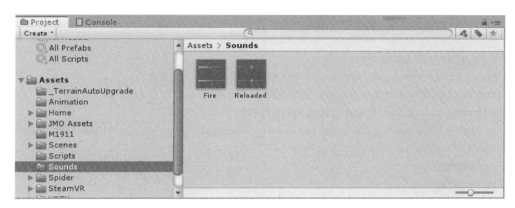

图 5-53　加载声音资源

4. 添加射击代码

添加脚本，如图 5-54 所示，添加代码如下：

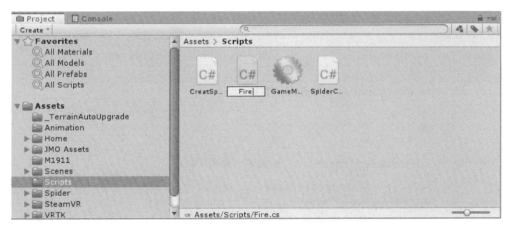

图 5-54　添加脚本

```
using System.Collections;
using System.Collections.Generic;
using UnityEngine;

public class Fire : MonoBehaviour
{
```

```csharp
    public Animator animator;// 定义动画
    public Transform gunPoint;// 定义枪口的位置
    // 火花特效
    public GameObject Spark;// 定义子弹打到蜘蛛身上的特效
    public TextMesh textMesh;// 定义子弹的数目
    public AudioClip Fires;// 定义开火的声音
    public AudioClip Reload;// 定义装弹的声音
    AudioSource audioSource;
    bool isReloading = false;// 是否正在重装子弹
    int reloadBulletNum = 20;// 重装的子弹数
    int currnetBulletNum;// 定义当前的子弹数
    SteamVR_TrackedController steamVR_TrackedController;// 引用手柄按钮事件的接口
    // 初始化
    void Start()
    {
        steamVR_TrackedController = GetComponent<SteamVR_TrackedController>();
        steamVR_TrackedController.TriggerClicked += TriggerClicked;
        steamVR_TrackedController.Gripped += Gripped;
        currnetBulletNum = reloadBulletNum;
        audioSource = GetComponent<AudioSource>();
    }
    // 按下扳机
    void TriggerClicked(object sender, ClickedEventArgs e)
    {
        if (isReloading)// 判断是否正在换弹
        {
            return;
        }
        if (currnetBulletNum > 0)// 判断当前的子弹数
        {
            currnetBulletNum--;
            textMesh.text = currnetBulletNum.ToString();// 显示剩余子弹数
            animator.Play("m1911Animation");// 枪发射子弹的特效
            audioSource.PlayOneShot(Fires);// 播放开枪声音

            // 画一条持续 0.02 秒的从 gunPoint 点出发的红线
            Debug.DrawRay(gunPoint.position, gunPoint.up * 100, Color.red, 0.02f);
            // 射线的起点和方向
            Ray raycast = new Ray(gunPoint.position, gunPoint.up);
```

```csharp
            // 储存碰撞点的对象信息
            RaycastHit hit;
            // 定义一个过滤层 Spider
            LayerMask layer = 1 << (LayerMask.NameToLayer("Spider"));
            // 判断射线有没有碰到 Spider 层
            bool isHit = Physics.Raycast(raycast, out hit, 10000, layer.value);
            if (isHit)// 判断是否击中了
            {
                GameObject go = GameObject.Instantiate(Spark);// 击中特效
                go.transform.position = hit.point;
                Destroy(go, 3);// 特效消失控制
                SpiderController sc = hit.collider.gameObject.GetComponent<SpiderController>();
                if (sc != null)
                {
                    sc.UnderAttack();// 蜘蛛减血的方法

                }
            }
        }
        else
        {
            return;
        }
    }

    // 手柄握住的逻辑
    void Gripped(object sender, ClickedEventArgs s)
    {
        if (isReloading)// 判断是否正在换弹中
        {
            return;
        }
        isReloading = true;
        Invoke("ReloadFinished", 2);// 换弹需要两秒
        audioSource.PlayOneShot(Reload);
    }
    // 换弹
    void ReloadFinished()
    {
        isReloading = false;
```

```
            currnetBulletNum = reloadBulletNum;// 重置子弹数量
            textMesh.text = currnetBulletNum.ToString();// 显示子弹数量
    }
}
```

5. 设置 Controller(right)

（1）选择 Controller(right) 加载 Fire.cs，再进行设置。其中 Animator 用于设置手枪添加动画的效果，Gun Point 用于设置手枪的枪口位置，Spark 用于设置子弹的特效，Text Mesh 用于显示弹夹中的子弹数，Fires 用于设置开火的声音，Reload 用于设置换弹的声音，如图 5-55 所示。

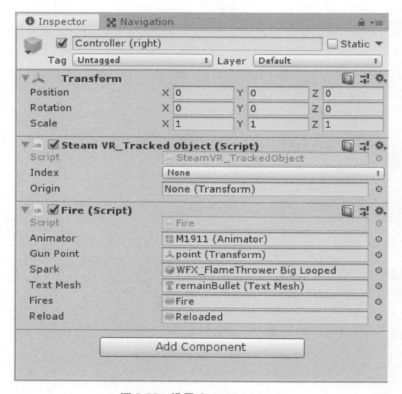

图 5-55　设置 Controller(right)

（2）添加 Audio Source 组件，如图 5-56 所示。

（3）添加 SteamVR_TrackedController 脚本。该脚本用来提供手柄的事件监听，如图 5-57 所示。

图 5-56　添加 Audio Source 组件

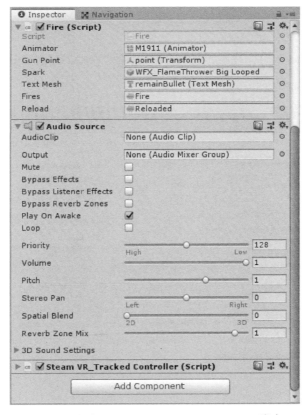

图 5-57　添加 SteamVR_TrackedController 脚本

6. 设置蜘蛛层

（1）添加"Spider"层，如图 5-58 所示。

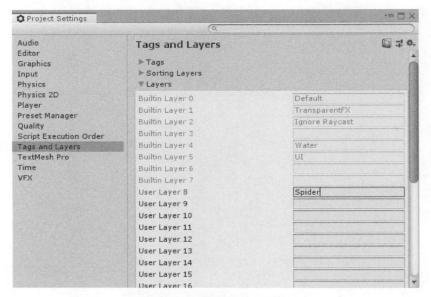

图 5-58　添加蜘蛛层（Spider）

（2）选择"Spider"层，在跳出的提示中选择"Yes, change children"，如图 5-59 和图 5-60 所示。

图 5-59　设置层

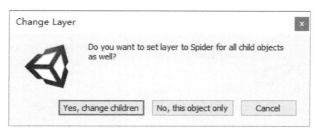

图 5-60　选择改变层

7. 设置蜘蛛碰撞

给蜘蛛设置碰撞，如图 5-61 所示。

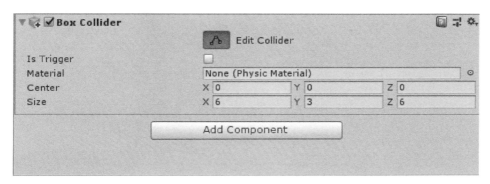

图 5-61　给蜘蛛设置碰撞

8. 设置蜘蛛预制体

（1）创建 Prefabs 文件夹，如图 5-62 ～图 5-64 所示。

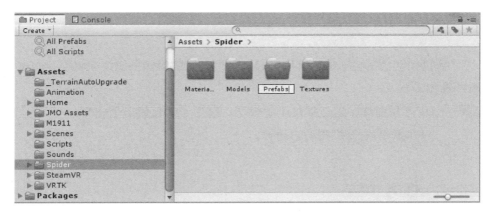

图 5-62　添加文件夹

183

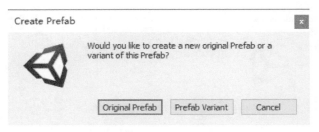

图 5-63 创建 Prefab

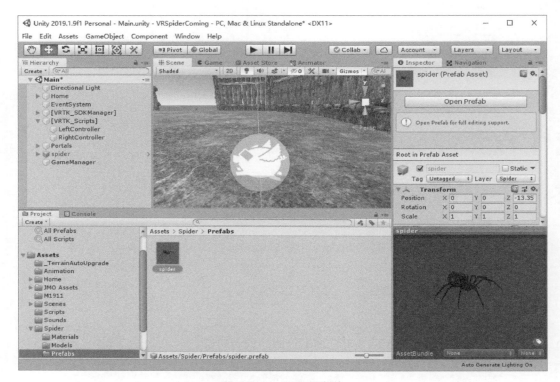

图 5-64 spider 预制体

（2）找到两个出生点 Portal1 和 Portal2，再用创建的蜘蛛预制体来替换 spider 模型，如图 5-65 和图 5-66 所示。

拓展：（1）不用射线，通过添加子弹模型，利用子弹直接击杀蜘蛛。

（2）制作手枪扳机扣动的动画。

5.4.4 任务小结

本任务实现了用枪击杀蜘蛛的功能，主要是通过射线来完成的。

第 5 章　VR 蜘蛛来袭项目开发

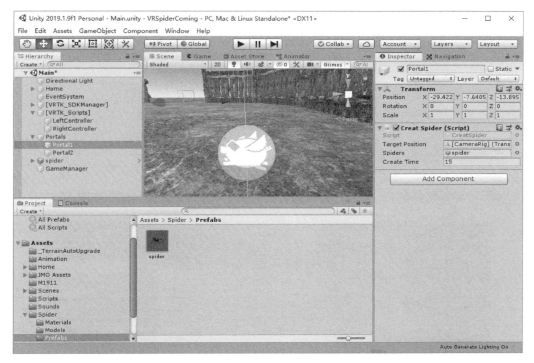

图 5-65　Portal1

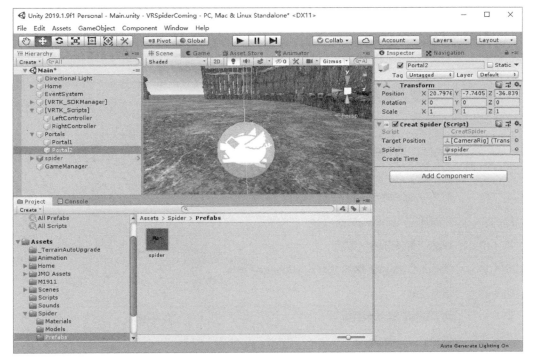

图 5-66　Portal2

5.5 学习任务：游戏重置

5.5.1 任务分析

本学习任务需要在上一学习任务的基础上实现游戏重置的功能。效果如图 5-67 所示。

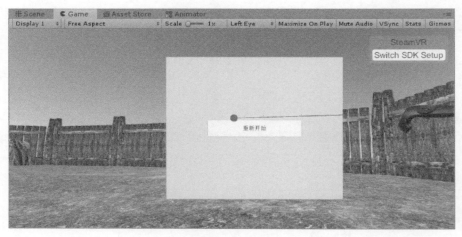

图 5-67 游戏重置

本学习任务主要分 9 步，如表 5-5 所示。

表 5-5 学习任务步骤

步骤	内容	备注
第 1 步	创建画布	
第 2 步	添加 Image 游戏对象	
第 3 步	重新编写 GameManager 代码	
第 4 步	添加"重新开始"按钮	
第 5 步	给 LeftController 加载 VRTK_UI Pointer 脚本	
第 6 步	项目设置	
第 7 步	将 Canvas 设置为未激活	先不显示
第 8 步	设置 GameManager	
第 9 步	设置 spider	将最初蜘蛛模型设为不激活

5.5.2　相关知识：VRTK 中的 UI 交互

在 VRTK 中的 UI 交互主要有以下三种。

（1）使用指针交互：类似于激光笔，通过指针（Pointer）对 UI 进行选择，适合远距离交互。通过给手柄挂载 VRTK_UI Pointer 脚本来进行交互。

（2）使用手柄交互：直接通过手柄触控交互，适合于近距离交互。

（3）使用手柄与头部配合交互：头部发射指针（通常是光标）对 UI 进行选择，手柄负责确认选中。

5.5.3　任务实施

1. 创建画布

（1）创建画布，如图 5-68 所示。

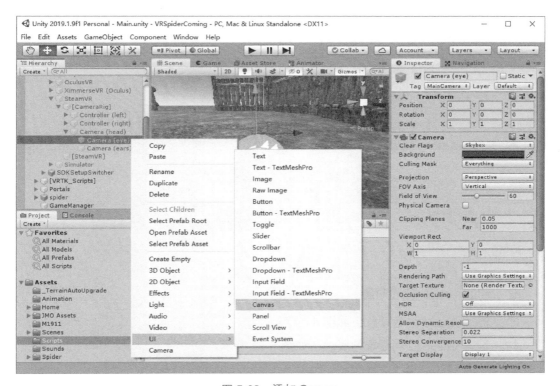

图 5-68　添加 Canvas

（2）为 Canvas 添加 VRTK_UI Canvas 脚本，如果没有该脚本，射线会穿过 Canvas，如图 5-69 所示。

（3）设置 Canvas，如图 5-70 所示。

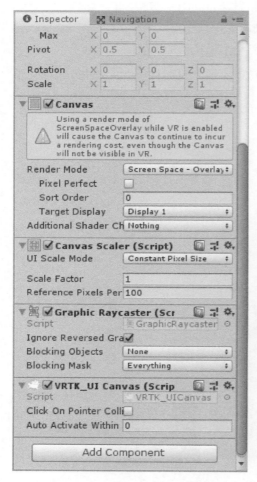

图 5-69　添加 VRTK_UI Canvas 脚本　　　　图 5-70　设置 Canvas

2. 添加 Image 游戏对象

（1）添加 Image 游戏对象，如图 5-71 所示。

（2）设置 Image 游戏对象的属性，如图 5-72 所示。

第 5 章　VR 蜘蛛来袭项目开发

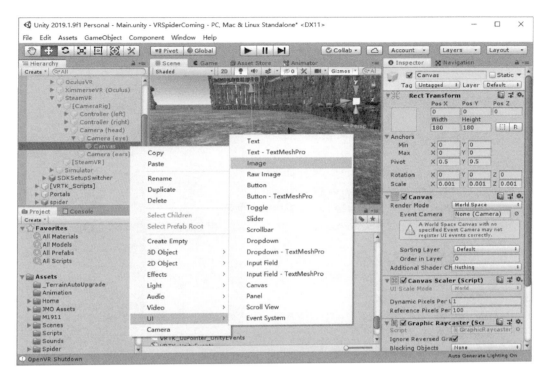

图 5-71　添加 Image

图 5-72　设置 Image 游戏对象

189

3. 重新编写 GameManager 代码

```
using System.Collections;
using System.Collections.Generic;
using UnityEngine;
using UnityEngine.SceneManagement;

public class GameManager : MonoBehaviour
{
    public static GameManager Instance;
    public int CurrentHP = 10;// 设置玩家血量
    public GameObject Portals;// 设置蜘蛛出生点
    public GameObject MyCanvas;// 设置 Canvas, 用于显示 "重新开始" 按钮

    private void Awake()
    {
        Instance = this;
    }
    // 玩家受伤方法
    public void UnderAttack()
    {
        CurrentHP--;// 玩家减血
        if (CurrentHP <= 0)// 判断玩家是否已经没有血量
        {
            EndGame();
        }
    }
    // 游戏结束
    void EndGame()
    {
        Destroy(Portals);// 销毁出生点, 不能再产生蜘蛛
        MyCanvas.SetActive(true);    // 设置 Canvas 显示出来
    }
    public void StartAgain()// 重置游戏
    {
        SceneManager.LoadScene("Main");
    }
}
```

4. 添加 "重新开始" 按钮

（1）添加 "重新开始" 按钮，如图 5-73 所示。

第 5 章　VR 蜘蛛来袭项目开发

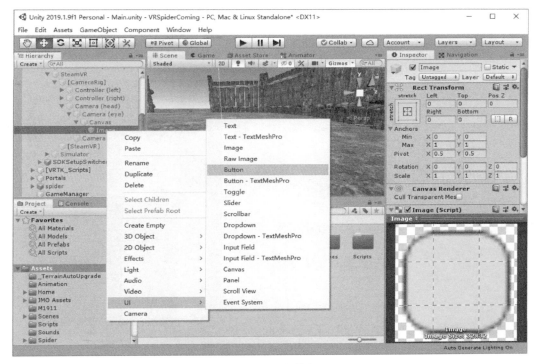

图 5-73　添加按钮

（2）设置按钮的 Width 为 320，Height 为 60，同时对按钮上面显示的文字（Text）进行修改，修改为"重新开始"，如图 5-74 和图 5-75 所示。

5. 给 LeftController 加载 VRTK_UI Pointer 脚本

VRTK_UI Pointer 脚本用于手柄发射射线与 Canvas 交互，如图 5-76 所示。

6. 项目设置

（1）打开"File"菜单选择"Build Settings"命令，如图 5-77 所示。

（2）将 Main 场景添加进来，如图 5-78 所示。

7. 将 Canvas 设置为未激活

设置 Canvas 为未激活（Untagged），如图 5-79 所示。

8. 设置 GameManager

设置 GameManager，如图 5-80 所示。

9. 设置 spider

设置 spider，如图 5-81 所示。

191

图 5-74 设置按钮

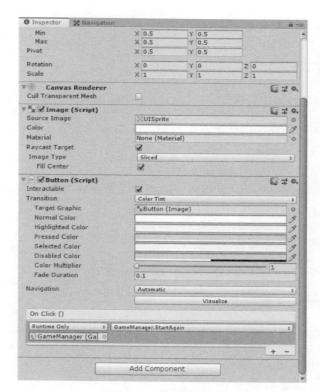

图 5-75 添加按钮事件

第 5 章 VR 蜘蛛来袭项目开发

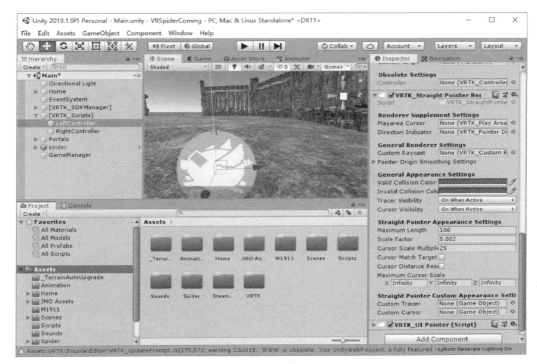

图 5-76 加载 VRTK_UI Pointer 脚本

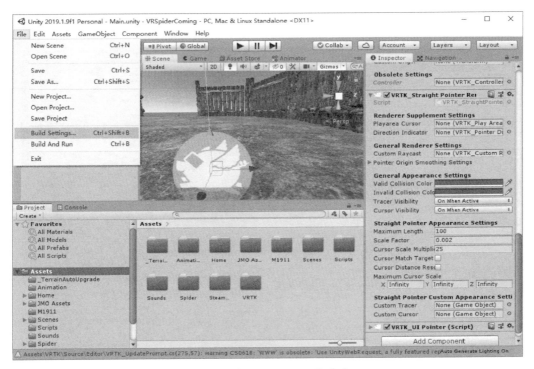

图 5-77 "Build Settings" 命令

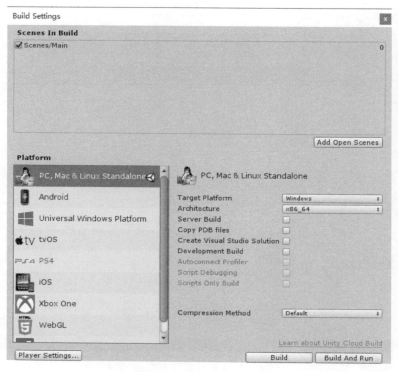

图 5-78 添加 Main 场景

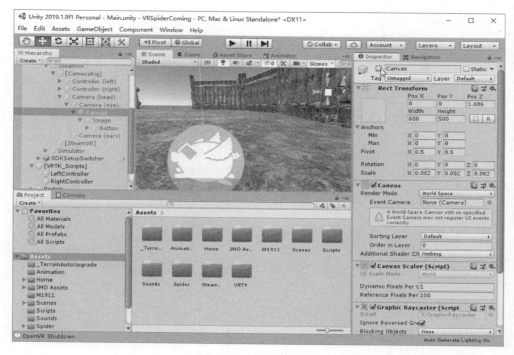

图 5-79 设置 Canvas

第 5 章　VR 蜘蛛来袭项目开发

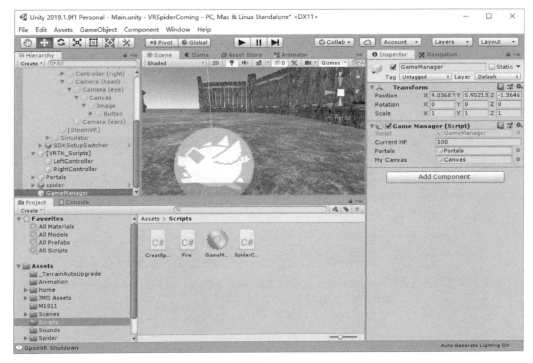

图 5-80　设置 GameManager

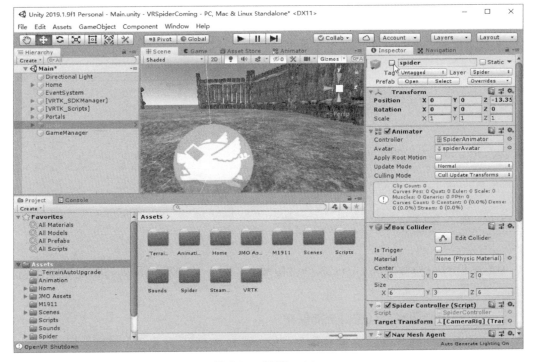

图 5-81　设置 spider

拓展：在 Canvas 的 Image 上除了显示"游戏重置"按钮，还需要添加用于显示统计玩家击杀了多少蜘蛛的文本及玩家生存的时间长度。

5.5.4 任务小结

本任务完成了游戏重置的功能，通过学习该任务，读者了解 VRTK 的 UI 交互相关知识。

5.6 学习任务：项目打包运行

5.6.1 任务分析

本学习任务介绍如何将完成好的 VR 项目打包运行，让用户脱离 Unity 调试环境来运行项目。

本学习任务主要分 2 步，如表 5-6 所示。

表 5-6　学习任务步骤

步骤	内容	备注
第 1 步	项目打包	
第 2 步	运行 VR 项目	

5.6.2 相关知识：项目打包

VR 项目打包和普通的 Unity 项目打包基本一样，下面列出一些打包时需要注意的事项：

（1）打包前必须将项目进行全部保存。
（2）将要调用的 Scenes 全部添加到"Scenes In Build"列表中，否则会报错。
（3）将"Target platfrom"设置为"Windows"。

（4）其他参数可单击"Player Settings"按钮进行设置，除了程序名称和版本，一般选默认参数，当然也可根据需要调整。

5.6.3 任务实施

1. 项目打包

（1）打开"File"菜单选择"Build Settings"命令，如图 5-82 所示。

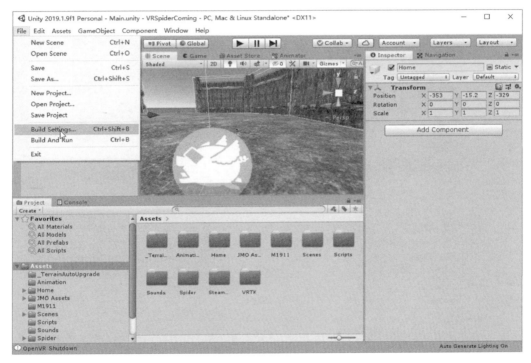

图 5-82　打开菜单

（2）单击"Build"按钮，如图 5-83 所示。

（3）选择一个要打包到的文件夹，如图 5-84 所示，然后进入打包过程，如图 5-85 所示。打包完成后，将生成一个可执行文件，用于运行 VR 项目，如图 5-86 所示。

2. 运行 VR 项目

（1）双击 VRSpiderComing.exe，启动程序，如图 5-87 所示。

（2）运行项目，如图 5-88 所示。

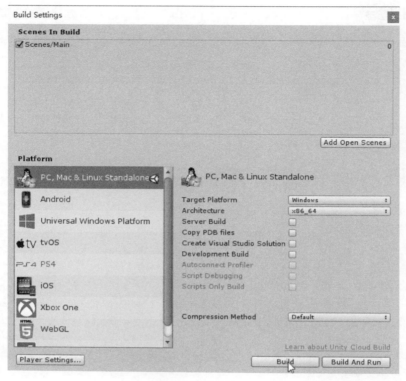

图 5-83　打包

图 5-84　选择文件夹

图 5-85　打包过程

第 5 章　VR 蜘蛛来袭项目开发

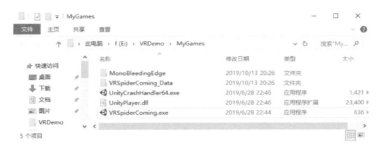

图 5-86　项目打包后的效果图

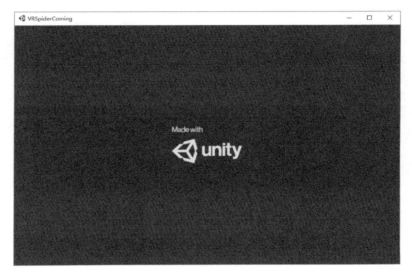

图 5-87　启动界面

图 5-88　运行界面

（3）重新开始界面，如图 5-89 所示。

图 5-89　重新开始

拓展：对项目打包参数进行设置，要求为项目设置图标、公司名称等信息。

5.5.4　任务小结

本任务完成了项目的打包与运行，整个 VR 项目基本完成。

本章小结

本章的 6 个学习任务循序渐进，使 VR 项目功能逐步完善。通过完成 6 个学习任务，使读者对 VR 项目开发知识有一个综合的理解和掌握，为第 6 章的 VR 项目实战训练打下良好的基础。

1. 简述获取项目资源的方式。
2. 如何设置人物的寻路系统？
3. 简述项目中的动画系统。
4. 简述怎样判断射线是否碰到游戏物体。
5. 简述大型项目如何进行优化。

第 6 章
VR 项目开发实战训练

知识目标
- 熟悉 VR 项目开发的过程
- 掌握 VR 项目开发的方法
- 掌握 VR 项目开发中的程序调试方法

能力目标
- 能够独立对 VR 项目进行整体规划
- 能够独立开发小型 VR 项目
- 能够团队合作开发中型 VR 项目

本章列出 5 个参考题目供读者选择,这里只给出了大概的参考功能,具体功能还可以拓展。读者根据自己的实际情况,选好题目后,在学习教程项目的同时完成项目实战内容。

题目1　VR切水果项目开发

VR切水果项目参考功能如下：
1. 能够随机生成多种水果。
2. 对每种水果进行分类给分。
3. 能够随机出炸弹，碰到炸弹游戏结束。
4. 玩家的武器可以带特效。
5. 水果模型最后能够统计出玩家的分数。

题目2　VR星际探索项目开发

VR星际探索项目参考功能如下：
1. 制作一个星际探索选择场景，玩家能够选择探索的目的地。
2. 能够在探索场景中进行漫游。
3. 能够与场景中的物体进行交互。
4. 在场景中设置教育信息。

题目3　VR旅游观光项目开发

VR旅游观光项目参考功能如下：
1. 制作一个旅游选择场景，玩家能够选择旅游的目的地。

2. 能够在旅游场景中进行漫游。
3. 有一定的交互功能。
4. 旅游场景中需要有景点介绍。

题目 4　VR 森林狩猎项目开发

VR 森林狩猎项目参考功能如下：
1. 能够在森林中随机生成多种动物。
2. 猎杀不同动物得分不一样。
3. 猎杀动物通过子弹碰撞完成。
4. 动物具有逃跑的功能。
5. 动物会攻击玩家。
6. 有统计得分功能。

题目 5　VR 火灾逃生项目开发

VR 火灾逃生项目参考功能如下：
1. 场景要尽量真实。
2. 能够和水龙头等进行交互。
3. 有瞬移功能。
4. 逃生有时间限制，必须在规定时间内完成才算逃生成功。

SteamVR_Tracked Controller 脚本

```csharp
using UnityEngine;
using Valve.VR;

public struct ClickedEventArgs
{
    public uint controllerIndex;
    public uint flags;
    public float padX, padY;
}

public delegate void ClickedEventHandler(object sender, ClickedEventArgs e);

public class SteamVR_TrackedController : MonoBehaviour
{
    public uint controllerIndex;
    public VRControllerState_t controllerState;
    public bool triggerPressed = false;
    public bool steamPressed = false;
    public bool menuPressed = false;
    public bool padPressed = false;
    public bool padTouched = false;
    public bool gripped = false;

    public event ClickedEventHandler MenuButtonClicked;
    public event ClickedEventHandler MenuButtonUnclicked;
    public event ClickedEventHandler TriggerClicked;
```

```csharp
        public event ClickedEventHandler TriggerUnclicked;
        public event ClickedEventHandler SteamClicked;
        public event ClickedEventHandler PadClicked;
        public event ClickedEventHandler PadUnclicked;
        public event ClickedEventHandler PadTouched;
        public event ClickedEventHandler PadUntouched;
        public event ClickedEventHandler Gripped;
        public event ClickedEventHandler Ungripped;

        // Use this for initialization
        protected virtual void Start()
        {
            if (this.GetComponent<SteamVR_TrackedObject>() == null)
            {
                gameObject.AddComponent<SteamVR_TrackedObject>();
            }

            if (controllerIndex != 0)
            {
                this.GetComponent<SteamVR_TrackedObject>().index = (SteamVR_TrackedObject.EIndex)controllerIndex;
                if (this.GetComponent<SteamVR_RenderModel>() != null)
                {
                    this.GetComponent<SteamVR_RenderModel>().index = (SteamVR_TrackedObject.EIndex)controllerIndex;
                }
            }
            else
            {
                controllerIndex = (uint)this.GetComponent<SteamVR_TrackedObject>().index;
            }
        }

        public void SetDeviceIndex(int index)
        {
            this.controllerIndex = (uint)index;
        }

        public virtual void OnTriggerClicked(ClickedEventArgs e)
        {
            if (TriggerClicked != null)
```

```
            TriggerClicked(this, e);
}

public virtual void OnTriggerUnclicked(ClickedEventArgs e)
{
    if (TriggerUnclicked != null)
        TriggerUnclicked(this, e);
}

public virtual void OnMenuClicked(ClickedEventArgs e)
{
    if (MenuButtonClicked != null)
        MenuButtonClicked(this, e);
}

public virtual void OnMenuUnclicked(ClickedEventArgs e)
{
    if (MenuButtonUnclicked != null)
        MenuButtonUnclicked(this, e);
}

public virtual void OnSteamClicked(ClickedEventArgs e)
{
    if (SteamClicked != null)
        SteamClicked(this, e);
}

public virtual void OnPadClicked(ClickedEventArgs e)
{
    if (PadClicked != null)
        PadClicked(this, e);
}

public virtual void OnPadUnclicked(ClickedEventArgs e)
{
    if (PadUnclicked != null)
        PadUnclicked(this, e);
}

public virtual void OnPadTouched(ClickedEventArgs e)
{
    if (PadTouched != null)
```

```csharp
            PadTouched(this, e);
    }

    public virtual void OnPadUntouched(ClickedEventArgs e)
    {
        if (PadUntouched != null)
            PadUntouched(this, e);
    }

    public virtual void OnGripped(ClickedEventArgs e)
    {
        if (Gripped != null)
            Gripped(this, e);
    }

    public virtual void OnUngripped(ClickedEventArgs e)
    {
        if (Ungripped != null)
            Ungripped(this, e);
    }

    // Update is called once per frame
    protected virtual void Update()
    {
        var system = OpenVR.System;
        if (system != null && system.GetControllerState(controllerIndex,
ref controllerState, (uint)System.Runtime.InteropServices.Marshal.
SizeOf(typeof(VRControllerState_t))))
        {
            ulong trigger = controllerState.ulButtonPressed & (1UL <<
((int)EVRButtonId.k_EButton_SteamVR_Trigger));
            if (trigger > 0L && !triggerPressed)
            {
                triggerPressed = true;
                ClickedEventArgs e;
                e.controllerIndex = controllerIndex;
                e.flags = (uint)controllerState.ulButtonPressed;
                e.padX = controllerState.rAxis0.x;
                e.padY = controllerState.rAxis0.y;
                OnTriggerClicked(e);

            }
```

```
                else if (trigger == 0L && triggerPressed)
                {
                    triggerPressed = false;
                    ClickedEventArgs e;
                    e.controllerIndex = controllerIndex;
                    e.flags = (uint)controllerState.ulButtonPressed;
                    e.padX = controllerState.rAxis0.x;
                    e.padY = controllerState.rAxis0.y;
                    OnTriggerUnclicked(e);
                }

                ulong grip = controllerState.ulButtonPressed & (1UL << ((int)
EVRButtonId.k_EButton_Grip));
                if (grip > 0L && !gripped)
                {
                    gripped = true;
                    ClickedEventArgs e;
                    e.controllerIndex = controllerIndex;
                    e.flags = (uint)controllerState.ulButtonPressed;
                    e.padX = controllerState.rAxis0.x;
                    e.padY = controllerState.rAxis0.y;
                    OnGripped(e);

                }
                else if (grip == 0L && gripped)
                {
                    gripped = false;
                    ClickedEventArgs e;
                    e.controllerIndex = controllerIndex;
                    e.flags = (uint)controllerState.ulButtonPressed;
                    e.padX = controllerState.rAxis0.x;
                    e.padY = controllerState.rAxis0.y;
                    OnUngripped(e);
                }

                ulong pad = controllerState.ulButtonPressed & (1UL << ((int)
EVRButtonId.k_EButton_SteamVR_Touchpad));
                if (pad > 0L && !padPressed)
                {
                    padPressed = true;
                    ClickedEventArgs e;
                    e.controllerIndex = controllerIndex;
```

```
            e.flags = (uint)controllerState.ulButtonPressed;
            e.padX = controllerState.rAxis0.x;
            e.padY = controllerState.rAxis0.y;
            OnPadClicked(e);
        }
        else if (pad == 0L && padPressed)
        {
            padPressed = false;
            ClickedEventArgs e;
            e.controllerIndex = controllerIndex;
            e.flags = (uint)controllerState.ulButtonPressed;
            e.padX = controllerState.rAxis0.x;
            e.padY = controllerState.rAxis0.y;
            OnPadUnclicked(e);
        }

        ulong menu = controllerState.ulButtonPressed & (1UL << ((int)EVRButtonId.k_EButton_ApplicationMenu));
        if (menu > 0L && !menuPressed)
        {
            menuPressed = true;
            ClickedEventArgs e;
            e.controllerIndex = controllerIndex;
            e.flags = (uint)controllerState.ulButtonPressed;
            e.padX = controllerState.rAxis0.x;
            e.padY = controllerState.rAxis0.y;
            OnMenuClicked(e);
        }
        else if (menu == 0L && menuPressed)
        {
            menuPressed = false;
            ClickedEventArgs e;
            e.controllerIndex = controllerIndex;
            e.flags = (uint)controllerState.ulButtonPressed;
            e.padX = controllerState.rAxis0.x;
            e.padY = controllerState.rAxis0.y;
            OnMenuUnclicked(e);
        }

        pad = controllerState.ulButtonTouched & (1UL << ((int)EVRButtonId.k_EButton_SteamVR_Touchpad));
        if (pad > 0L && !padTouched)
```

```
        {
            padTouched = true;
            ClickedEventArgs e;
            e.controllerIndex = controllerIndex;
            e.flags = (uint)controllerState.ulButtonPressed;
            e.padX = controllerState.rAxis0.x;
            e.padY = controllerState.rAxis0.y;
            OnPadTouched(e);

        }
        else if (pad == 0L && padTouched)
        {
            padTouched = false;
            ClickedEventArgs e;
            e.controllerIndex = controllerIndex;
            e.flags = (uint)controllerState.ulButtonPressed;
            e.padX = controllerState.rAxis0.x;
            e.padY = controllerState.rAxis0.y;
            OnPadUntouched(e);
        }
    }
  }
}
```

附录 B VRTK_UI Pointer 脚本

```
// UI Pointer|UI|80020
namespace VRTK
{
    using UnityEngine;
    using UnityEngine.EventSystems;
    using System.Collections.Generic;

    /// <summary>
    /// Event Payload
    /// </summary>
    /// <param name="controllerReference">The reference to the controller that was used.</param>
    /// <param name="isActive">The state of whether the UI Pointer is currently active or not.</param>
    /// <param name="currentTarget">The current UI element that the pointer is colliding with.</param>
    /// <param name="previousTarget">The previous UI element that the pointer was colliding with.</param>
    /// <param name="raycastResult">The raw raycast result of the UI ray collision.</param>
    public struct UIPointerEventArgs
    {
        public VRTK_ControllerReference controllerReference;
        public bool isActive;
        public GameObject currentTarget;
        public GameObject previousTarget;
        public RaycastResult raycastResult;
```

```
    }

    /// <summary>
    /// Event Payload
    /// </summary>
    /// <param name="sender">this object</param>
    /// <param name="e"><see cref="UIPointerEventArgs"/></param>
    public delegate void UIPointerEventHandler(object sender, UIPointerEventArgs e);

    /// <summary>
    /// Provides the ability to interact with UICanvas elements and the contained Unity UI elements within.
    /// </summary>
    /// <remarks>
    /// **Optional Components:**
    ///  * 'VRTK_ControllerEvents' - The events component to listen for the button presses on. This must be applied on the same GameObject as this script if one is not provided via the 'Controller' parameter.
    ///
    /// **Script Usage:**
    ///  * Place the 'VRTK_UIPointer' script on either:
    ///     * The controller script alias GameObject of the controller to emit the UIPointer from (e.g. Right Controller Script Alias).
    ///     * Any other scene GameObject and provide a valid 'Transform' component to the 'Pointer Origin Transform' parameter of this script. This does not have to be a controller and can be any GameObject that will emit the UIPointer.
    ///
    /// **Script Dependencies:**
    ///  * A UI Canvas attached to a Unity World UI Canvas.
    /// </remarks>
    /// <example>
    /// 'VRTK/Examples/034_Controls_InteractingWithUnityUI' uses the 'VRTK_UIPointer' script on the right Controller to allow for the interaction with Unity UI elements using a Simple Pointer beam. The left Controller controls a Simple Pointer on the headset to demonstrate gaze interaction with Unity UI elements.
    /// </example>
    [AddComponentMenu("VRTK/Scripts/UI/VRTK_UIPointer")]
    public class VRTK_UIPointer : MonoBehaviour
    {
```

```csharp
/// <summary>
/// Methods of activation.
/// </summary>
public enum ActivationMethods
{
    /// <summary>
    /// Only activates the UI Pointer when the Pointer button on the controller is pressed and held down.
    /// </summary>
    HoldButton,
    /// <summary>
    /// Activates the UI Pointer on the first click of the Pointer button on the controller and it stays active until the Pointer button is clicked again.
    /// </summary>
    ToggleButton,
    /// <summary>
    /// The UI Pointer is always active regardless of whether the Pointer button on the controller is pressed or not.
    /// </summary>
    AlwaysOn
}

/// <summary>
/// Methods of when to consider a UI Click action
/// </summary>
public enum ClickMethods
{
    /// <summary>
    /// Consider a UI Click action has happened when the UI Click alias button is released.
    /// </summary>
    ClickOnButtonUp,
    /// <summary>
    /// Consider a UI Click action has happened when the UI Click alias button is pressed.
    /// </summary>
    ClickOnButtonDown
}

[Header("Activation Settings")]
```

```csharp
        [Tooltip("The button used to activate/deactivate the UI raycast for the pointer.")]
        public VRTK_ControllerEvents.ButtonAlias activationButton = VRTK_ControllerEvents.ButtonAlias.TouchpadPress;
        [Tooltip("Determines when the UI pointer should be active.")]
        public ActivationMethods activationMode = ActivationMethods.HoldButton;

        [Header("Selection Settings")]

        [Tooltip("The button used to execute the select action at the pointer's target position.")]
        public VRTK_ControllerEvents.ButtonAlias selectionButton = VRTK_ControllerEvents.ButtonAlias.TriggerPress;
        [Tooltip("Determines when the UI Click event action should happen.")]
        public ClickMethods clickMethod = ClickMethods.ClickOnButtonUp;
        [Tooltip("Determines whether the UI click action should be triggered when the pointer is deactivated. If the pointer is hovering over a clickable element then it will invoke the click action on that element. Note: Only works with 'Click Method = Click_On_Button_Up'")]
        public bool attemptClickOnDeactivate = false;
        [Tooltip("The amount of time the pointer can be over the same UI element before it automatically attempts to click it. 0f means no click attempt will be made.")]
        public float clickAfterHoverDuration = 0f;

        [Header("Customisation Settings")]

        [Tooltip("The maximum length the UI Raycast will reach.")]
        public float maximumLength = float.PositiveInfinity;
        [Tooltip("An optional GameObject that determines what the pointer is to be attached to. If this is left blank then the GameObject the script is on will be used.")]
        public GameObject attachedTo;
        [Tooltip("The Controller Events that will be used to toggle the pointer. If the script is being applied onto a controller then this parameter can be left blank as it will be auto populated by the controller the script is on at runtime.")]
        public VRTK_ControllerEvents controllerEvents;
        [Tooltip("A custom transform to use as the origin of the pointer. If no pointer origin transform is provided then the transform the script
```

is attached to is used.")]
        public Transform customOrigin = null;

        [Header("Obsolete Settings")]

        [System.Obsolete("'VRTK_UIPointer.controller' has been replaced with 'VRTK_UIPointer.controllerEvents'. This parameter will be removed in a future version of VRTK.")]
        [ObsoleteInspector]
        public VRTK_ControllerEvents controller;
        [System.Obsolete("'VRTK_UIPointer.pointerOriginTransform' has been replaced with 'VRTK_UIPointer.customOrigin'. This parameter will be removed in a future version of VRTK.")]
        [ObsoleteInspector]
        public Transform pointerOriginTransform = null;

        [HideInInspector]
        public PointerEventData pointerEventData;
        [HideInInspector]
        public GameObject hoveringElement;
        [HideInInspector]
        public GameObject controllerRenderModel;
        [HideInInspector]
        public float hoverDurationTimer = 0f;
        [HideInInspector]
        public bool canClickOnHover = false;

        /// <summary>
        /// The GameObject of the front trigger activator of the canvas currently being activated by this pointer.
        /// </summary>
        [HideInInspector]
        public GameObject autoActivatingCanvas = null;
        /// <summary>
        /// Determines if the UI Pointer has collided with a valid canvas that has collision click turned on.
        /// </summary>
        [HideInInspector]
        public bool collisionClick = false;

        /// <summary>
        /// Emitted when the UI activation button is pressed.

```csharp
        /// </summary>
        public event ControllerInteractionEventHandler
ActivationButtonPressed;
        /// <summary>
        /// Emitted when the UI activation button is released.
        /// </summary>
        public event ControllerInteractionEventHandler
ActivationButtonReleased;
        /// <summary>
        /// Emitted when the UI selection button is pressed.
        /// </summary>
        public event ControllerInteractionEventHandler
SelectionButtonPressed;
        /// <summary>
        /// Emitted when the UI selection button is released.
        /// </summary>
        public event ControllerInteractionEventHandler
SelectionButtonReleased;

        /// <summary>
        /// Emitted when the UI Pointer is colliding with a valid UI
element.
        /// </summary>
        public event UIPointerEventHandler UIPointerElementEnter;
        /// <summary>
        /// Emitted when the UI Pointer is no longer colliding with any
valid UI elements.
        /// </summary>
        public event UIPointerEventHandler UIPointerElementExit;
        /// <summary>
        /// Emitted when the UI Pointer has clicked the currently collided
UI element.
        /// </summary>
        public event UIPointerEventHandler UIPointerElementClick;
        /// <summary>
        /// Emitted when the UI Pointer begins dragging a valid UI
element.
        /// </summary>
        public event UIPointerEventHandler UIPointerElementDragStart;
        /// <summary>
        /// Emitted when the UI Pointer stops dragging a valid UI element.
        /// </summary>
```

```csharp
        public event UIPointerEventHandler UIPointerElementDragEnd;

        protected static Dictionary<int, float> pointerLengths = new Dictionary<int, float>();
        protected bool pointerClicked = false;
        protected bool beamEnabledState = false;
        protected bool lastPointerPressState = false;
        protected bool lastPointerClickState = false;
        protected GameObject currentTarget;

        protected SDK_BaseController.ControllerHand cachedAttachedHand = SDK_BaseController.ControllerHand.None;
        protected Transform cachedPointerAttachPoint = null;
        protected EventSystem cachedEventSystem;
        protected VRTK_VRInputModule cachedVRInputModule;

        /// <summary>
        /// The GetPointerLength method retrieves the maximum UI Pointer length for the given pointer ID.
        /// </summary>
        /// <param name="pointerId">The pointer ID for the UI Pointer to recieve the length for.</param>
        /// <returns>The maximum length the UI Pointer will cast to.</returns>
        public static float GetPointerLength(int pointerId)
        {
            return VRTK_SharedMethods.GetDictionaryValue(pointerLengths, pointerId, float.MaxValue);
        }

        public virtual void OnUIPointerElementEnter(UIPointerEventArgs e)
        {
            if (e.currentTarget != currentTarget)
            {
                ResetHoverTimer();
            }

            if (clickAfterHoverDuration > 0f && hoverDurationTimer <= 0f)
            {
                canClickOnHover = true;
                hoverDurationTimer = clickAfterHoverDuration;
            }
```

```csharp
            currentTarget = e.currentTarget;
            if (UIPointerElementEnter != null)
            {
                UIPointerElementEnter(this, e);
            }
        }

        public virtual void OnUIPointerElementExit(UIPointerEventArgs e)
        {
            if (e.previousTarget == currentTarget)
            {
                ResetHoverTimer();
            }
            if (UIPointerElementExit != null)
            {
                UIPointerElementExit(this, e);

                if (attemptClickOnDeactivate && !e.isActive && e.previousTarget)
                {
                    pointerEventData.pointerPress = e.previousTarget;
                }
            }
        }

        public virtual void OnUIPointerElementClick(UIPointerEventArgs e)
        {
            if (e.currentTarget == currentTarget)
            {
                ResetHoverTimer();
            }

            if (UIPointerElementClick != null)
            {
                UIPointerElementClick(this, e);
            }
        }

        public virtual void OnUIPointerElementDragStart(UIPointerEventArgs e)
        {
            if (UIPointerElementDragStart != null)
            {
```

```csharp
            UIPointerElementDragStart(this, e);
        }
    }

    public virtual void OnUIPointerElementDragEnd(UIPointerEventArgs e)
    {
        if (UIPointerElementDragEnd != null)
        {
            UIPointerElementDragEnd(this, e);
        }
    }

    public virtual void OnActivationButtonPressed(ControllerInteractionEventArgs e)
    {
        if (ActivationButtonPressed != null)
        {
            ActivationButtonPressed(this, e);
        }
    }

    public virtual void OnActivationButtonReleased(ControllerInteractionEventArgs e)
    {
        if (ActivationButtonReleased != null)
        {
            ActivationButtonReleased(this, e);
        }
    }

    public virtual void OnSelectionButtonPressed(ControllerInteractionEventArgs e)
    {
        if (SelectionButtonPressed != null)
        {
            SelectionButtonPressed(this, e);
        }
    }

    public virtual void OnSelectionButtonReleased(ControllerInteractionEventArgs e)
    {
```

```csharp
            if (SelectionButtonReleased != null)
            {
                SelectionButtonReleased(this, e);
            }
        }

        public virtual UIPointerEventArgs SetUIPointerEvent(RaycastResult currentRaycastResult, GameObject currentTarget, GameObject lastTarget = null)
        {
            UIPointerEventArgs e;
            e.controllerReference = GetControllerReference();
            e.isActive = PointerActive();
            e.currentTarget = currentTarget;
            e.previousTarget = lastTarget;
            e.raycastResult = currentRaycastResult;
            return e;
        }

        /// <summary>
        /// The SetEventSystem method is used to set up the global Unity event system for the UI pointer. It also handles disabling the existing Standalone Input Module that exists on the EventSystem and adds a custom VRTK Event System VR Input component that is required for interacting with the UI with VR inputs.
        /// </summary>
        /// <param name="eventSystem">The global Unity event system to be used by the UI pointers.</param>
        /// <returns>A custom input module that is used to detect input from VR pointers.</returns>
        public virtual VRTK_VRInputModule SetEventSystem(EventSystem eventSystem)
        {
            if (eventSystem == null)
            {
                VRTK_Logger.Error(VRTK_Logger.GetCommonMessage(VRTK_Logger.CommonMessageKeys.REQUIRED_COMPONENT_MISSING_FROM_SCENE, "VRTK_UIPointer", "EventSystem"));
                return null;
            }

            if (!(eventSystem is VRTK_EventSystem))
```

```csharp
            {
                eventSystem = eventSystem.gameObject.AddComponent<VRTK_EventSystem>();
            }

            return eventSystem.GetComponent<VRTK_VRInputModule>();
        }

        /// <summary>
        /// The RemoveEventSystem resets the Unity EventSystem back to the original state before the VRTK_VRInputModule was swapped for it.
        /// </summary>
        public virtual void RemoveEventSystem()
        {
            VRTK_EventSystem vrtkEventSystem = FindObjectOfType<VRTK_EventSystem>();

            if (vrtkEventSystem == null)
            {
                VRTK_Logger.Error(VRTK_Logger.GetCommonMessage(VRTK_Logger.CommonMessageKeys.REQUIRED_COMPONENT_MISSING_FROM_SCENE, "VRTK_UIPointer", "EventSystem"));
                return;
            }

            Destroy(vrtkEventSystem);
        }

        /// <summary>
        /// The PointerActive method determines if the ui pointer beam should be active based on whether the pointer alias is being held and whether the Hold Button To Use parameter is checked.
        /// </summary>
        /// <returns>Returns 'true' if the ui pointer should be currently active.</returns>
        public virtual bool PointerActive()
        {
            if (activationMode == ActivationMethods.AlwaysOn || autoActivatingCanvas != null)
            {
                return true;
            }
```

```csharp
            else if (activationMode == ActivationMethods.HoldButton)
            {
                return IsActivationButtonPressed();
            }
            else
            {
                pointerClicked = false;
                if (IsActivationButtonPressed() && !lastPointerPressState)
                {
                    pointerClicked = true;
                }
                lastPointerPressState = (controllerEvents != null ? controllerEvents.IsButtonPressed(activationButton) : false);

                if (pointerClicked)
                {
                    beamEnabledState = !beamEnabledState;
                }

                return beamEnabledState;
            }
        }

        /// <summary>
        /// The IsActivationButtonPressed method is used to determine if the configured activation button is currently in the active state.
        /// </summary>
        /// <returns>Returns 'true' if the activation button is active.</returns>
        public virtual bool IsActivationButtonPressed()
        {
            return (controllerEvents != null ? controllerEvents.IsButtonPressed(activationButton) : false);
        }

        /// <summary>
        /// The IsSelectionButtonPressed method is used to determine if the configured selection button is currently in the active state.
        /// </summary>
        /// <returns>Returns 'true' if the selection button is active.</returns>
        public virtual bool IsSelectionButtonPressed()
```

```csharp
        {
            return (controllerEvents != null ? controllerEvents.
IsButtonPressed(selectionButton) : false);
        }

        /// <summary>
        /// The ValidClick method determines if the UI Click button is in
a valid state to register a click action.
        /// </summary>
        /// <param name="checkLastClick">If this is true then the last
frame's state of the UI Click button is also checked to see if a valid
click has happened.</param>
        /// <param name="lastClickState">This determines what the last
frame's state of the UI Click button should be in for it to be a valid
click.</param>
        /// <returns>Returns 'true' if the UI Click button is in a valid
state to action a click, returns 'false' if it is not in a valid state.</
returns>
        public virtual bool ValidClick(bool checkLastClick, bool
lastClickState = false)
        {
            bool controllerClicked = (collisionClick ? collisionClick :
IsSelectionButtonPressed());
            bool result = (checkLastClick ? controllerClicked &&
lastPointerClickState == lastClickState : controllerClicked);
            lastPointerClickState = controllerClicked;
            return result;
        }

        /// <summary>
        /// The GetOriginPosition method returns the relevant transform
position for the pointer based on whether the pointerOriginTransform
variable is valid.
        /// </summary>
        /// <returns>A Vector3 of the pointer transform position</returns>
        public virtual Vector3 GetOriginPosition()
        {
            return (customOrigin != null ? customOrigin :
GetPointerOriginTransform()).position;
        }

        /// <summary>
```

```csharp
        /// The GetOriginPosition method returns the relevant transform
forward for the pointer based on whether the pointerOriginTransform
variable is valid.
        /// </summary>
        /// <returns>A Vector3 of the pointer transform forward</returns>
        public virtual Vector3 GetOriginForward()
        {
            return (customOrigin != null ? customOrigin : GetPointerOriginTransform()).forward;
        }

        protected virtual void Awake()
        {
            VRTK_SDKManager.AttemptAddBehaviourToToggleOnLoadedSetupChange(this);
        }

        protected virtual void OnEnable()
        {
#pragma warning disable 0618
            controllerEvents = (controller != null && controllerEvents == null ? controller : controllerEvents);
            customOrigin = (pointerOriginTransform != null && customOrigin == null ? pointerOriginTransform : customOrigin);
#pragma warning restore 0618
            attachedTo = (attachedTo == null ? gameObject : attachedTo);
            controllerEvents = (controllerEvents != null ? controllerEvents : GetComponentInParent<VRTK_ControllerEvents>());
            ConfigureEventSystem();
            pointerClicked = false;
            lastPointerPressState = false;
            lastPointerClickState = false;
            beamEnabledState = false;

            if (controllerEvents != null)
            {
                controllerEvents.SubscribeToButtonAliasEvent(activationButton, true, DoActivationButtonPressed);
                controllerEvents.SubscribeToButtonAliasEvent(activationButton, false, DoActivationButtonReleased);
```

```csharp
                controllerEvents.
SubscribeToButtonAliasEvent(selectionButton, true,
DoSelectionButtonPressed);
                controllerEvents.
SubscribeToButtonAliasEvent(selectionButton, false,
DoSelectionButtonReleased);
            }
        }

        protected virtual void OnDisable()
        {
            if (cachedVRInputModule && cachedVRInputModule.pointers.
Contains(this))
            {
                cachedVRInputModule.pointers.Remove(this);
            }

            if (controllerEvents != null)
            {
                controllerEvents.
UnsubscribeToButtonAliasEvent(activationButton, true,
DoActivationButtonPressed);
                controllerEvents.
UnsubscribeToButtonAliasEvent(activationButton, false,
DoActivationButtonReleased);
                controllerEvents.
UnsubscribeToButtonAliasEvent(selectionButton, true,
DoSelectionButtonPressed);
                controllerEvents.
UnsubscribeToButtonAliasEvent(selectionButton, false,
DoSelectionButtonReleased);
            }
        }

        protected virtual void OnDestroy()
        {
            VRTK_SDKManager.
AttemptRemoveBehaviourToToggleOnLoadedSetupChange(this);
        }

        protected virtual void LateUpdate()
        {
```

```
            if (controllerEvents != null)
            {
                pointerEventData.pointerId = (int)VRTK_
ControllerReference.GetRealIndex(GetControllerReference());
                VRTK_SharedMethods.AddDictionaryValue(pointerLengths,
pointerEventData.pointerId, maximumLength, true);
            }
            if (controllerRenderModel == null && VRTK_ControllerReference.
IsValid(GetControllerReference()))
            {
                controllerRenderModel = VRTK_SDK_Bridge.
GetControllerRenderModel(GetControllerReference());
            }
        }

        protected virtual void DoActivationButtonPressed(object sender,
ControllerInteractionEventArgs e)
        {
            OnActivationButtonPressed(controllerEvents.
SetControllerEvent());
        }

        protected virtual void DoActivationButtonReleased(object sender,
ControllerInteractionEventArgs e)
        {
            OnActivationButtonReleased(controllerEvents.
SetControllerEvent());
        }

        protected virtual void DoSelectionButtonPressed(object sender,
ControllerInteractionEventArgs e)
        {
            OnSelectionButtonPressed(controllerEvents.
SetControllerEvent());
        }

        protected virtual void DoSelectionButtonReleased(object sender,
ControllerInteractionEventArgs e)
        {
            OnSelectionButtonReleased(controllerEvents.
SetControllerEvent());
        }
```

```csharp
        protected virtual VRTK_ControllerReference 
GetControllerReference(GameObject reference = null)
        {
            reference = (reference == null && controllerEvents != null ? 
controllerEvents.gameObject : reference);
            return VRTK_ControllerReference.
GetControllerReference(reference);
        }

        protected virtual Transform GetPointerOriginTransform()
        {
            VRTK_ControllerReference controllerReference = 
GetControllerReference(attachedTo);
            if (VRTK_ControllerReference.IsValid(controllerReference) && 
(cachedAttachedHand != controllerReference.hand || cachedPointerAttachPoint 
== null))
            {
                cachedPointerAttachPoint = controllerReference.
model.transform.Find(VRTK_SDK_Bridge.GetControllerElementPath(SDK_
BaseController.ControllerElements.AttachPoint, controllerReference.hand));
                cachedAttachedHand = controllerReference.hand;
            }
            return (cachedPointerAttachPoint != null ? 
cachedPointerAttachPoint : transform);
        }

        protected virtual void ResetHoverTimer()
        {
            hoverDurationTimer = 0f;
            canClickOnHover = false;
        }

        protected virtual void ConfigureEventSystem()
        {
            if (cachedEventSystem == null)
            {
                cachedEventSystem = FindObjectOfType<EventSystem>();
            }

            if (cachedVRInputModule == null)
            {
                cachedVRInputModule = SetEventSystem(cachedEventSystem);
```

```
            }

            if (cachedEventSystem != null && cachedVRInputModule != null)
            {
                if (pointerEventData == null)
                {
                    pointerEventData = new
PointerEventData(cachedEventSystem);
                }

                if (!cachedVRInputModule.pointers.Contains(this))
                {
                    cachedVRInputModule.pointers.Add(this);
                }
            }
        }
    }
}
```

参考文献

[1] https://unity.cn/

[2] https://baike.baidu.com/item/虚拟现实/207123?fr=aladdin

[3] 张克发 赵兴 谢有龙. AR与VR开发实战[M]. 北京：机械工业出版社，2016.

[4] 冀盼. VR开发实战[M]. 北京：电子工业出版社，2016.

[5] 胡良云. HTC VIVE VR游戏开发实战[M]. 北京：清华大学出版社，2017.

[6] 邵伟 李晔. Unity VR虚拟现实完全自学手册[M]. 北京：电子工业出版社，2019.

[7] 谭恒松. C#程序设计与开发[M]. 2版. 北京：清华大学出版社，2014.